CONJETURAS Y MEDITACIONES

[Basado en NEUROCODEX]

Luis Arocha Mariño · Laura Montilla · Equipo ILACOT

Instituto Latinoamericano de Coaching & Terapia
al Servicio de la Evolución Humana

CONJETURAS Y MEDITACIONES©
Basado en Neurocodex

Luis Arocha Mariño, Laura Montilla y equipo ILACOT

Copyright© de la presente edición ILACOT y FB Libros C.A.

ISBN: 13: 978-1544622682

Coordinación editorial: Roger Michelena
Diseño y diagramación: Mariano Rosas
Corrección: Lesbia Quintero
Primera edición marzo 2017

Todos los derechos reservados. Bajo las sanciones establecidas en las leyes, queda rigurosamente prohibida, sin autorización escrita de los titulares de *Copyright*, la reproducción total o parcial de esta obra por cualquier medio o procedimiento, sea electrónico, mecánico, fotocopia, por grabación u otros, así como la distribución de ejemplares mediante alquiler o préstamos públicos.

CONJETURAS Y MEDITACIONES
[Basado en NEUROCODEX]

Luis Arocha Mariño · Laura Montilla · Equipo ILACOT

Y, al finalizar tan magna obra, Dios dijo:
Todo está conectado y todo se devolverá transformado para evolucionar permanentemente.
Evangelio según NEUROCODEX…

Categorías

Advertencia: NEUROCODEX es un producto de la inteligencia colectiva, conectiva, colaborativa y creativa, logrado mediante el trabajo de un sinnúmero de grupos transdisciplinarios a lo largo de muchos años. Estas reflexiones son resultado de tal labor, recogidas por el equipo actual de ILACOT.

Aunque NEUROCODEX trata precisamente de cómo todo está conectado y resalta las limitaciones de categorizar, también exalta las ventajas lingüísticas que ofrecen dichas taxonomías para facilitar las acciones específicas. Así como acompaña lo sostenido por Charles S. Peirce, en tanto que el conocimiento es siempre parcial y provisional. Por ello, presentamos las reflexiones por ítems y según criterios actuales, los que seguramente el lector atento querrá modificar, ampliar, eliminar o criticar para adaptarlas a su propio sistema de clasificación y entendimiento de la experiencia de vivir plenamente.

Así mismo, el **lenguaje,** producto de refinamientos neurológicos en parte por la naturaleza y en parte por nosotros mismos, en esfuerzos tanto conscientes como inconscientes, constituye la forma más expedita para realizar cambios profundos en nuestra personalidad y modos de actuar, tal como advirtiéramos en nuestro texto *"Ten la vida quieres y te mereces con NEUROCODEX"* (ed. Júpiter). Por ello, encontrarán redacciones donde se rompen ciertas tradiciones literarias, como por ejemplo, uso frecuente de gerundios y adverbios donde tradicionalmente no se encuentran o mantener el criterio distintivo entre solo y sólo, que constituye ejemplo sabio de la capacidad del castellano de poder ser pronunciado con solo (sic) leerlo. De esta manera seguimos una neotradición consistente en usar el lenguaje como forma poderosa de enriquecer la vida, tal como han propiciado Alfred Korzybski, Umberto Eco, Richard Bandler y otros estudiosos de los impactos sintácticos, semánticos y pragmáticos del lenguaje humano. El lector atento evaluará el impacto psíquico de tales "medidas redaccionales".

La recomendación que hacemos para un mejor uso de los presentes minimalismos reflexivos es que usted elija dos o tres al día y luego los piense, sienta, cuestione, ratifique, modifique e ilustre a lo largo del día. Se convertirá en un modo de meditación guiada útil para toda su vida.

He aquí las categorías que arbitrariamente seleccionamos para ubicar las respectivas reflexiones:

>
> **Filosofía, metodología y ciencias en general.**
> **Política y sociales.**
> **Salud,** *coaching,* **terapia y medicina:**
> **Desarrollo y crecimiento personal, psicología, comunicación y educación:**
> **Organizacional, empresarial y liderazgo.**
> **Pareja, relaciones y familia.**
> **NEUROCODEX en sí mismo.**

Parte I
Recogidos entre 2006 y 2012

Filosofía, metodología y ciencias en general

El campo creado por nuestro sistema nervioso central es *absorbido* por el Campo Punto Cero. Por ello, quedamos "vivos" una vez que la materia-cuerpo degrada. Nos convertimos en memoria.

En cuanto a los desarrollos actuales en el conocimiento del fenómeno humano nos encontramos en situación similar a la física de inicios del siglo XX: cambios importantes y bruscos en los paradigmas esenciales.

Entre los *intelectuales* (y lo sostuvo G. Bachelard) las cosas y explicaciones sencillas resultan *sospechosas*; nosotros decimos ¿será que algunos damos la espalda a los resultados concretos?

En la postmodernidad se extravió el *nosotros*, nivel superior de organización humana. La ultramodernidad ha de rescatar lo enriquecido con las nuevas experiencias.

La ciencia, al conectar con la naturaleza, ni es democrática ni complaciente; al contrario, es profundamente dictatorial e indiferente a nuestras apreciaciones personales.

Dios es una metáfora.

La complejidad se refiere a que la vida es un inmenso rompecabezas que se arma y desarma constantemente ante nuestros ojos, siguiendo patrones instalados a lo largo de la historia del multiverso.

La vanguardia del conocimiento no soporta más las arbitrarias distinciones de las disciplinas actuales.

Las teorías nos diferencian del mono y del perro, por ello se hacen indispensables a la hora de desarrollar las disciplinas.

El carácter transdisciplinario consiste en la mirada articuladora sobre lo ontológico y lo epistemológico desde todas y cada una de las disciplinas humanas.

El enfoque científico-tecnológico busca claridad, sencillez, eficiencia y eficacia; lo humanístico, larga vida y felicidad suprema compartida. Ambos, reunidos, conforman el sentido humano.

La filosofía sin ciencia es un disparate. La ciencia sin filosofía es una enorme amenaza.

Siete revoluciones del siglo XX: psíquica (Freud, Pavlov, Coué, Saussure). Física (Plank, Einstein). Metodológica (Reichenbach, Popper). Conceptual (Wiener, von Bertalanffy). Epistémica (Piaget, Bateson). paradigmática (Kuhn) y holística (Morin, Wilber), nos obligan a pensar, sentir, decir, hacer y escribir totalmente diferente a como lo hemos hecho hasta ahora.

El lenguaje tiene sus raíces en lo biológico, se estructura como convención social y se particulariza en cada ser humano.

La madurez científica nos llevó de la causalidad lineal a la complejidad sistémica procesal.

En la metodología es importante la sencillez. Un mínimo de pasos indispensables es el omega de la inquieta búsqueda humana.

Las cosas y los procesos son complejos o sencillos. Difícil y fácil son decisiones mentales.

Dios, al parecer, es como un niño: se entretiene jugando a las probabilidades (esta afirmación es provisional hasta que aparezca otro Albert Einstein).

Al parecer Dios es ludópata, le encantan los juegos probabilísticos.

¿Para qué sirven las matemáticas? Para que cuando algo no esté presente, puedas hablar con propiedad acerca de ello.

Los estudios "doble ciego" y afines (experimentales) son la frontera entre ciencia y tecnología. La matriz de la ciencia es la teoría que está detrás y que le da sentido a las maniobras de experimentación.

El eclecticismo es conformidad y rendición frente a la complejidad vital. La unificación heterodoxa es la vía regia científica.

La articulación congruente es lo que mueve a un sistema, no la hipertrofia de alguna de sus partes.

La ciencia es el arte de hacerse buenas preguntas ante cada respuesta que surge en el camino de la vida. El arte es la ciencia de construir estéticas.

Cualquier especulación acerca de la vida ha de tomar en cuenta los enormes avances de la ciencia actual para adquirir un mínimo de sentido.

En la postmodernidad nos dedicamos a decir: "No hay fórmulas ni recetas" y nos estrellamos. En la ultramodernidad aprendemos a recopilar e integrar los aportes de miles de años de sabiduría para iluminar un futuro feliz.

La ciencia, particularmente después de Newton, cayó en una sinécdoque metodológica y epistemológica. La ultramodernidad rescata el valor del todo como visión fundamental del conocimiento *(Scientia)*.

Un científico es una persona que se rinde ante las evidencias y sigue buscando perfeccionar el conocimiento acerca de las estructuras, sus procesos y sus nexos.

Ni las ideologías ni las religiones corrigen fácilmente sus errores. La ciencia sí. Por ello elijo la metodología científica como guía fundamental de mi accionar en la vida.

La perspectiva y la metodología científica no son las mismas de Francis Bacon o la del propio Galileo. Entonces, hemos de seguir evolucionando.

Habiendo dividido el mundo en animado e inanimado, luego descubrimos que tiene relación con nuestras capacidades perceptivas, que todo es energía. ¿Podremos definir lo espiritual como lo animado sin materia?

La complejidad requiere de modelos y diseños sencillos para su abordaje profesional.

La evolución de la ciencia, al igual que cualquier experiencia humana, es compleja, proteica y diacrónica.

El concepto de vida es arbitrario y obedece a una concepción histórica del pensamiento humano. Hoy día, gracias al *Campo Punto Cero*, sabemos que hasta las piedras viven.

¿Qué es la ecología? Vivir EcoResConFlexSoPaFeLoSaDiEdEs (Ecológica, Responsable, Consciente, Flexible, Solidario, Pacífico, Feliz, Longevo, Saludable, Divertido, Educado y Espiritualmente guiado).

La mayor contribución al ascenso humano es el pensamiento sistémico espiralado.

La distinción cartesiana mente-cuerpo es un caso de confusión de tipos lógicos al estilo Russelliano. Por ello, se presenta como paradoja, siendo que no lo es.

Vivir conscientemente es el acto humano esencial. Con el hemisferio derecho inconscientemente (lo que he aprendido) y con el hemisferio izquierdo lo que puedo llegar a vivir (planificación y construcción ética).

La P.E.S.A. es el ADN de nuestras vivencias.

Toda ideología no es más que una propuesta de procedimiento para la búsqueda de la paz y del progreso. Y, como todo procedimiento, debe ser sometido al rigor de la prueba concreta.

La diferencia entre una opinión lega y una hipótesis científica es que la primera trabaja con creencias, la segunda con versiones contextualizadas al saber del momento.

El primer paso para sentir, pensar y actuar científicamente es distinguir observación de interpretación.

Las disciplinas científicas avanzan al ritmo del desarrollo de sus teorías.

El verbo clave para armar el modelo estándar del campo humano es "articular" las partes independientes, dependientes e interdependientes de nuestras experiencias.

Todo el que se dedica a investigar, tiene algo importante que aportar.

Las ideologías son discursos vacíos e instrumentos salvajes de dominación si no van acompañadas de hechos concretos, verificables y verificados en forma independiente.

Confiemos en la ciencia y la tecnología con sentido crítico; nos trajeron hasta aquí.

El siglo XXI es un siglo neorrenacentista. Quien no ejerce la complejidad y la transdisciplinariedad se mueve en anacronismos.

Las supercuerdas y el Big Bang son los patrones iniciales de todas las experiencias conocidas.

No existe un método científico. Se trata de una gran metodología compleja que contiene diversas estrategias, tácticas y técnicas según el momento, tipo y tamaño del reto correspondiente. Todas, con la finalidad de dar con el pensamiento de Dios.

Si un chamán acierta, debe tener una teoría detrás. Si logramos identificarla, explicitarla y replicarla pasa a ser un científico.

El filósofo actual requiere incorporar el enfoque sistémico y examinar sus componentes analíticamente, para seguir enriqueciendo la aventura del amor por la sabiduría, con una visión transcompleja.

Todo en la vida funciona como sistemas espiralados.

La lógica formal constituye reglas de correspondencia con el mundo mesofísico. La lógica fluida, la afectiva y las noéticas completan el cuadro de la existencia.

Ya no podemos vivir inocentemente. Por primera vez en la historia de la Humanidad contamos con verdaderas herramientas de dominio personal y de interacción humana eficientes y eficaces como para producir acuerdos armoniosos, consensuados, pacíficos, sostenibles y sustentables. Nuestra misión es conocerlas, sistematizarlas dominarlas, y aplicarlas correctamente, en forma supervisada y vigilante.

El móvil perfecto es nuestra existencia.
La vida es movimiento hecho sistema. Si quieres destruirla quita una pieza, si quieres mejorarla, mueve una pieza.

La especulación, la práctica ciega, la magia, la brujería, el empirismo y la charlatanería se transmutan en filosofía, ética, ciencia, tecnología, técnica y palabra seria, cuando el que realiza el acto conoce conscientemente qué es lo que hace, **cómo** específicamente lo hace, **por qué** y **para qué** lo lleva a cabo, reconociendo los límites del saber y abriendo nuevas opciones.

La mente es a la realidad lo que el menú es a la comida.
Edgar Morin puso la mesa de lo transdisciplinario; nosotros cocinamos y atendemos a los comensales.
Las metáforas operan como estructuras procesales que aglutinan clases de eventos; por ello, es importante desarrollarlas en forma espiralada.
La gran ventaja del uso de las metáforas es que generalizan y particularizan a la vez. Universalizan al hablar de clases de acontecimientos, particularizan al conectar las experiencias de quien las escucha.
Todo en la vida son vibraciones, bajo la forma de ondas, de químicos, de palabras... mas, sólo vibraciones.
Los seres humanos somos animales de transformación, fundamentalmente.

No podemos conocer la realidad tal y como ella es, podemos versionar modelos acerca de ella que nos resulten útiles para la existencia y la co-construcción de un mundo a la medida de nuestros deseos, necesidades, sueños y expectativas... Tal co-construcción es inevitable en la medida en que utilizamos nuestros recursos naturales y creados por el Hombre para dirigir conscientemente, en forma planificada y vigilante, paso a paso, nuestros encuentros con las realidades que versionamos.

La religión y las ideologías imponen, la filosofía inventa, la ciencia predice, la tecnología corrige, la técnica aplica.

La información es energía.

Errores y aciertos, triunfos y fracasos son funciones matemáticas de las expectativas y de las esperanzas.

El oro es tiempo.

Categorizamos para poner orden en el infinito caos de lo existente.

La ciencia es una dama que heredó de su madre la filosofía y de sus abuelas la religión y la metafísica, se alimenta de sus hermanas las humanidades y las artes, se casa con los hechos, especula para entenderlos, ensaya para ratificarlos y corregir las especulaciones, modificando la realidad a través de sus hijas la tecnología, la técnica y los oficios.

El conocimiento humano es como un gusano o culebra que se muerde la cola, y al morderla, crece.

El papel de la ciencia es andar detrás de la experiencia humana, recogiendo, sistematizando y simplificando lo que el ser humano va descubriendo en su diario caminar por un mundo ajeno.

Hay una sola verdad matergial: la empírica matemática compartida por hechos evidentes. De resto, todo son especulaciones.

La correcta codificación de los datos es lo que permite la organización en niveles de complejidad creciente.

La diferencia entre un científico y el que no lo es, es que el primero se casa con los hechos, mientras el segundo lo hace con hipótesis no contrastables.

Leonardo Da Vinci fue el pensador humanista, científico y tecnológico más grande de la humanidad. Esa es la actitud que rige a un ultramoderno transdisciplinario. Esa es la actitud que asumimos en NEUROCODEX con visión renacentista ultramoderna.

El máximo valor de la ciencia es que recoge la experiencia de las experiencias.

La ciencia y la ética de vanguardia huyeron de la mayoría de las universidades, por cuanto estas se apelmazaron, se rigidificaron y se burocratizaron en su eterna búsqueda de la verdad.

Desde Newton para acá, fundamentalmente, la ciencia aprendió a dividir muy bien; ahora llegó el momento de multiplicar e integrar.

Confieso que cuando pienso en religiones me confundo enormemente. No encuentro qué achacarle a Dios y qué a sus seguidores y representantes.

Solemos enfocar la vida desde nuestra experiencia y esta desde nuestro oficio. La propuesta ultramoderna transdisciplinaria nos plantea una visión complementaria: veamos nuestra experiencia desde la vida y nuestro oficio desde nuestra experiencia.

En el siglo XX confundimos Dior con Dios y metemos moda, fama, riqueza, sabiduría y espiritualidad en el mismo saco.

Simplicidad: Reducir el sistema modelo guía al mínimo de componentes indispensables para explicar y transformar acertadamente los procesos constitutivos de tal sistema.

Siempre que hay una opinión hay un punto de vista.

En el enfoque sistémico transdisciplinario la unidad de estudio es el proceso y sus conexiones.

La ultramodernidad se casa con las ciencias, la filosofía, las artes, las humanidades y la ética gracias a códigos compartidos. Es poligámica.

En el siglo XX la publicidad convirtió grandes aportes sólidos en modas, siendo ingratamente olvidados muchos de ellos. El gran reto de la ultramodernidad es rescatarlos con un hilo conductor que integre útilmente todas esas excelentes contribuciones al bienestar personal, social, material y espiritual que reclamamos para vivir felices y sanamente, en equilibrio ecológico.

Tanto la nueva ciencia como el nuevo humanismo nos obligan a colocar la armonía en comunión con las ideologías.

Matemáticas: ciencias de la estructura de la vida.

La ciencia se parece más a una aventura de exploración selvática que a la construcción consciente de una ciudad. A esta última le corresponde la tecnología.

El auténtico científico no se casa con la teoría; se casa con los hechos y propone teorías para comprenderlos y abordarlos.

Podemos ser ultramodernos en la medida en que actuamos sobre las estructuras y los procesos sistémicos. Es lo que permite a un gerente administrar todo tipo de negocio y a un médico atender cualquier enfermedad.

La magia de las matemáticas consiste en poder hablar con propiedad de lo que está ausente.

Política y Sociales

La humanidad cometió aciertos y errores; al acto que le pongamos más energía nos señalará el futuro.

Distinciones y semejanzas son palabras muy útiles al momento de analizar cualquier discurso. Por ejemplo, no encuentro distinciones prácticas útiles entre las cruzadas cristianas, nazismo y "el fin justifica los medios" del marxismo.

El comunismo afirma que la responsabilidad es colectiva, el capitalismo que es individual; son tesis pre-ultramodernas que no contemplan la interacción sistémica que ocurre en la realidad.

El venezolano (reconozco que estoy generalizando) tiene un defecto muy grave: en tiempos buenos es solidario, en tiempos malos se vuelve lobo estepario, aislado, ataca a cualquiera para creer sobrevivir. Exactamente lo contrario de los anglosajones: se aíslan en tiempos buenos y se solidarizan en tiempos difíciles. Eso marca una gran diferencia evolutiva.

El voto libre y personalizado es el punto de partida de la democracia, no su desarrollo y crecimiento.

El maniqueísmo dialéctico produjo mucho daño al confundir opuestos con complementarios.

Cada uno de nosotros es indispensable para que las cosas salgan como salen...

Toda relación humana de calidad transcurre en estado alfa de comunión.

La Política inteligente apuesta por la paz y la felicidad en las cuatro dimensiones que habitamos permanentemente: material, personal, social y espiritual.

La política se relaciona con el bienestar social y sus indicadores son logros materiales específicos: carreteras, escuelas y seguridad, entre otros aspectos.

Sólo habrá país y paz cuando los proyectos enfrentados se conviertan en aliados sobre una mesa de entendimiento y acuerdo (corazón compartido).

Para la guerra y los enfrentamientos la mentira es un gran arma. Para la paz y el entendimiento, su mayor obstáculo.

La humanidad sobrevive como especie gracias a que un grupo importante de personas se dedica a construir vida, en lugar de dividirnos en buenos y malos.

Riesgos de la democracia: hacer las cosas bien cuesta dinero y no produce votos.

Por primera vez en la historia de la humanidad contamos con medios mentales y comunicacionales para construir una vida en paz. Constituyen herramientas útiles, nuestra misión ahora es conocerlas, aplicarlas y chequear su funcionamiento correcto.

A la guerra se llega ACTUANDO con deshonestidad, mintiendo, usando estratagemas y considerando al otro como un enemigo. A la Paz se llega ACTUANDO honestamente, con solidaridad, misericordia y considerando al otro como un hermano, con todos los derechos a diferir y a equivocarse, expresándose distinto a como yo lo hago.

La democracia, vieja y legítima aspiración humana, soluble como el agua y proteica como las amebas, es el producto de la civilización de la cultura, acúmulo de experiencias analizadas, calculadas y henchidas de mucho amor, solidaridad y misericordia, producto de profundas reflexiones bienintencionadas que trascienden el hecho animal y nos constituye como humanos.

Cuando el criterio es autoridad y poder, la democracia marcha muy mal. Cuando el criterio es eficiencia y eficacia, marcha muy bien.

Vamos a forzar una evolución pacífica, amorosa, armoniosa y ecológica mediante las herramientas que hemos construido con la sabiduría humana.

Oriente desarrolló humanidad, Occidente tecnología; ahora nos toca articular e integrar ambas inteligentemente.

La política es demasiado importante para dejarla sólo en manos de los políticos.

Antes que usar armas de destrucción masiva preferiría perder una guerra. Esa es la razón fundamental por la que no ejerzo ni la política ni lo militar. Apuesto al diálogo.

La inocencia sí mata al pueblo.

¿Por qué no hablar de religión ni política? Porque son áreas en las que todos andamos perdidos. Caemos en discusiones bizantinas apoyadas en sentimientos y emociones desbocadas.

El comunismo fue un intento de atajo que se estrelló contra una terca evolución neurosocial que dista mucho de haber culminado.

Todas las ideologías actuales mantienen la misma estructura de diferencias, enfrentamientos, odios y venganzas sobre igualdad, colaboración, amor y solidaridad frente a los que razonan diferente. Esa es la vieja estructura que podemos superar para abrirnos a la evolución positiva humana.

Mandela realizó un viaje redentor: del odio infinito al amor incondicional. Buen ejemplo a seguir si queremos planeta y paz.

El más fuerte es el más noble, tolerante y magnánimo.

Es tan ingenuo el comunista que cree que con la doctrina marxista salvará a los pobres, como el capitalista que jura que será feliz porque tiene agarrado el sartén económico por el mango.

Ingenuo es el que cree que puede imponerse sobre los demás. Ignora que todo se devuelve.

La discriminación es un problema básico que afecta a la humanidad desde sus orígenes y la perjudica enormemente.

La discriminación es el resultado de creer que el menú es la comida, el mapa es el territorio. Es la no aceptación de la propia vulnerabilidad y de la necesidad de aprender y dominar competencias adecuadas para lidiar con la vida.

Debatir implica discutir pensamientos, sueños y programas, hasta acordar. En un pueblo sin ideas pierde sentido el disenso y lo adquiere la imposición.

¿Es posible *cualquier* sistema social?

Sí, en la medida en que cada uno *empuje* en la misma dirección y sentido, lo cual, a su vez, es imposible, por ahora...

Para que la democracia marche, gobierno y oposición han de apuntar en la misma dirección. El primero ejecutando; la otra vigilando y controlando la ruta seguida.

Uno de los grandes problemas de América Latina es que nos atrae más el pasado que el futuro.

El venezolano (¿latinoamericano?) actúa como un niño pequeño al que le gusta jugar con candela y, cuando se quema, corre a buscar a mamá para que lo consuele, dejando atrás el incendio en marcha.

Exigir los derechos a alimentarse, estudiar, trabajar, divertirse, caminar libremente, acceder a la salud y la seguridad es la obligación fundamental de un pueblo hacia sus gobernantes.

Podemos resumir en cinco carencias los problemas del subdesarrollo: metas, información, esfuerzo, responsabilidad y compromiso.

Desde la actual perspectiva neurosocial, el comunismo es una imposibilidad.

El problema básico del comunismo es que es una buena metodología diagnosticando situaciones sociales, pero ineficiente e ineficaz aplicando soluciones efectivas.

La democracia funciona cuando los líderes creen en ella y los seguidores conocen de política.

Los verdaderos enemigos sociales no son las personas o grupos de ellas, son ciertas condiciones como la soberbia, la ignorancia, el egocentrismo, la desidia... que se traducen en pobreza, fundamentalismo, enfermedades, injusticia e inseguridad.

La red social es el "chinchorro" (hamaca) que soporta nuestra existencia.

Las encuestas retratan situaciones, no predicen nada. La predicción depende de las decisiones tomadas a partir de las encuestas.

Dictadura blanda es un oxímoron válido en estos tiempos transcomplejos.

El marxismo es una prueba fehaciente del fracaso de las ideas sin contrastación empírica que las corrija.

Distinciones: en los regímenes democráticos se presume la inocencia de algún acusado. En regímenes totalitarios se presume la culpabilidad.

Salud, *coaching*, terapia y medicina

El *coaching* y la terapia neuroIntegrativa (NEUROCODEX) se diferencian de otros tipos en concepción, eficiencia y eficacia, gracias al uso del método sistémico espiralado; además, cuenta con una caja de herramientas de transformación positiva, integradas a partir del curso histórico del pensamiento humano.

Como en cualquier frontera, entre el *coaching* y la terapia hay contrabandos…

El MODELO ESTÁNDAR del DISEÑO (CONDICIÓN) HUMANO nos guía en la atención integral transdisciplinaria de cualquier situación.

No basta soñar, hay mucho que corregir.

El bien vivir es un proceso de ajuste constante entre la adaptación y las posibilidades de transformación en 3D (Dimensión social, material y espiritual).

Visitamos constantemente 4 mundos o dimensiones: personal, social, material y espiritual. De nuestras expectativas sobre ellos dependerá el sentimiento de felicidad o de amargura.

El error más grave cometido por la humanidad fue cocinar todos sus alimentos.

La **comunicación terapéutica** proyecta un estilo personal, individualizado, científicamente inspirado, tecnológicamente planificado, humanísticamente desarrollado y éticamente aplicado.

El lenguaje nos sirve para vectorizar una maraña de experiencias.

Nos crían como si el entorno no existiese. De allí la ilusión de libertad completa, lo que se reduce a cierta autonomía.

La comunicación terapéutica es la farmacoterapia natural más precisa. Por ello, es el tratamiento de primera línea. Los fármacos son un apoyo para que la terapia resulte más eficaz y rápida en su acción.

En poco tiempo los pacientes exigirán a los médicos sus estadísticas personales.

El problema básico de la medicina del siglo XX es que careció de un buen marco teórico donde sustentar sus hallazgos y especulaciones. El XXI nos ofrece un panorama totalmente diferente.

Antes separábamos los químicos (alimentos y fármacos, entre otros) de la comunicación (psicoterapia). Hoy sabemos que el mecanismo es exactamente el mismo, sólo son perspectivas de abordaje diferente.

Crecer es crear sinapsis.

Existe una sola enfermedad: gen patógeno abierto/gen saludable cerrado = inflamación. Depende completamente de qué específicamente haces y qué dejas de hacer en tu estilo de vida cotidiana (acerca de la epigenética y la nutrogénica).

La diferencia que marca la distinción del Coaching NeuroIntegrativo es que este tiene detrás un modelo teórico integrador de vanguardia que explica y sirve de guía congruente a las decisiones tomadas por el equipo transdisciplinario que forman el coach-coaches.

La medicina y la psicología del siglo XX fueron un arroz con mango en un saco sin fondo. Útiles para los detalles, pero carentes de la visión holística, la estrategia sistémica y las decisiones precisas que fueron llegando hacia el final del milenio y hoy nos guían con mayor claridad.

Qué es el Coaching Médico NeuroIntegrativo: es el desarrollo de un conjunto de conocimientos, competencias, destrezas y técnicas específicas de dominio personal y comunicación humana para incidir profunda y positivamente en la evolución de la relación médico-paciente y en la práctica terapéutica, con el fin de apoyar, orientar, diagnosticar, tratar y referir adecuadamente a nuestros consultantes e impactar positivamente su entorno biopsicosocioespiritual. Está fundamentado en NEUROCODEX.

La comunicación es un nutriente indispensable para la vida humana.

La Medicina NeuroIntegrativa Transdisciplinaria contempla a la humanidad como parte del Todo de la Naturaleza; y a cada individuo como un ser único e irrepetible con todo el derecho a sanar y vivir plenamente en su respectivo entorno.

La primera necesidad fisiológica es la confirmación por otro ser humano.

Necesitamos una medicina y una psico-sociología transdisciplinaria desde el paradigma neorrenacentista.

El coaching y la terapia son danzas-viajes desde un estado actual a un estado deseado saludable y armónico con sus proyecciones futuras y el ambiente, contemplando competencias y herramientas que amplifican opciones y posibilidades.

Antes había que estar locos para asistir al psiquiatra, ahora hay que estar locos para no hacerlo: Se pierde uno de tantos conocimientos y herramientas importantes sobre la vida...

El psicoanálisis moderno no necesita sólo recurrir al pensamiento y a la palabra. Al centrarse directamente en las emociones y en los sentimientos, resuelve los conflictos con mayor precisión, seguridad y elegancia. Una vez lo logra, regresa al pensamiento y a la palabra para planificar el futuro y chequear logros.

La psicoterapia es como la magia, quien no conoce los trucos cree que no pasó nada y se maravilla ante los resultados.

Cada "escuela" de psicoterapia funciona mejor en aquella parte del "campo humano" en la cual se ha especializado.

¿Cómo puedo ser un investigador de lo humano sin ser clínico? ¿Cómo puedo ser clínico sin ser solidario? ¿Cómo puedo ser solidario sin participación social? ¿Cómo puedo tener participación social sin una actitud espiritual? ¿Cómo puedo tener una actitud espiritual sin ser un investigador de lo humano?

Con la terapia neurointegrativa (TNI) o medicina transdisciplinaria (MT) los límites entre prevención, fisioterapia, farmacoterapia, fisicoterapia y psicoterapia se esfuman, articulándose entre sí para integrarse en soluciones totalizadoras.

Los psicofármacos no correlacionan con patologías o enfermedades, lo hacen con la fisio(pato)logía de base genética.

El gran descubrimiento y aporte de la PNL al funcionamiento humano es que los sistemas representacionales constituyen el código estructural de nuestra mente.

Sigmund Freud, Iván Petróvich Pávlov, Émile Coué y Ferdinand de Saussure nos demostraron que el dueño de nuestro ser es una fuerza extraña, ajena y potencialmente rica en posibilidades llamada inconsciente, donde almacenamos el producto interno bruto de nuestras experiencias.

La ansiedad es temor anticipado. Busca sus causas en el futuro.

¿Qué es la psicoterapia? La cocreación de un equipo de tarea para el uso conscientemente dirigido y planificado de los sentidos y recursos de expresión e interacción humana, con el fin de favorecer el cambio humano positivo, en aquellas personas bajo riesgo de perder la salud integral o que están afectados de alguna patología.

Las primeras necesidades humanas son confirmación y pertenencia.

Con los avances del siglo XXI las "escuelas" psicológicas se reducirán a una "caja de herramientas" de transformación positiva.

Terapia: viaje fantástico y transformacional desde el egocentrismo, la violencia, el sufrimiento, acortamiento de la vida, enfermedad e ignorancia hacia la solidaridad, la paz, el gozo, la longevidad, la salud y la educación.

El inconsciente no está estructurado sólo como un lenguaje, como señaló Lacan; está estructurado como un sistema complejo de códigos, organizado en niveles; entre los cuales se encuentra el lenguaje.

Los seres humanos no sólo vivimos las experiencias, las interpretamos y nos adelantamos a sus consecuencias.

La inteligencia es un privilegio estadístico del mercado biológico, del cual es prudente no abusar demasiado.

Las enfermedades son simultáneamente genéticas y adquiridas ya que es cuestión de penetrancia, oportunidad y posibilidades en un único proceso.

La comunicación terapéutica (antes psicoterapia) es esencial en cualquier acto médico, a fin de no cometer iatrogenia.

La comunicación no verbal habla antes de la palabra y es mucho más impactante que esta en el canal inconsciente.

La hipnosis es el ambiente ideal para la negociación de nuestras partes encontradas.

Para ejercer NeuroCodificadamente lo que necesitamos es ajustar nuestro discurso al "tamaño" del lenguaje y experiencias del (de los) interlocutor(es) y el de los objetivos del encuentro, iniciándonos por allí: ¿para qué hemos acordado este encuentro?

La comida cruda y vegetariana favorece los estados alfa de nuestra mente.

La terapia eficiente transcurre en estado Alfa.

El psicoanálisis es un conjunto de preciosas metáforas acerca de la existencia humana.

Los "especialistas" (sean de la rama que sea) tienen un excelente brazo, lo único es que están mochos al faltarle el otro brazo: la visión holística de la experiencia que guíe su quehacer en forma humanizada.

La Comunicación o Relación Terapéutica permite la integración de las diversas "escuelas" de psicoterapia con el acto médico. Se trata de una conversación espíritu-socio-psico-genética (epigenética). Se trata de fortalecer las acciones sobre el espectro salud-enfermedad.

Si apretamos, entre la PNL, la Ontología del Lenguaje, el E.M.D.R., y la Pragmática de la Comunicación Humana recogen casi todo lo valioso de la historia del *Coaching* y la Terapia.

La conversación inteligentemente guiada, el respeto por el ciclo actividad-descanso y la alimentación adecuada al perfil genético son el eje central del cambio humano y de la terapia. Los fármacos y otras formas físicas son coadyuvantes en el proceso de curación y sanación de nuestros pacientes.

Las enfermedades son el campo de batalla donde nuestros defensores internos combaten contra agresores y limitantes de la salud integral, tanto aquellos generados desde fuera como nuestros propios monstruos internos.

Así como desaparecieron la taquigrafía y las cámaras analógicas, también han de desaparecer la mayoría de los fármacos actuales.

La respuesta total del paciente es la guía válida para evaluar nuestras intervenciones terapéuticas, no hay más.

La primera tarea del *coaching* y la terapia es armar una memoria de futuro.

Los diagnósticos clínicos son anacrónicamente burdos frente al conocimiento adquirido sobre la dinámica de producción de los mismos.

La evolución trabaja por yuxtaposición. Por ello, en nosotros conviven el caimán-culebra, la rata-conejo, el perro-caballo-mono y el ser humano.

Reflexionar: función distintiva humana. Cuando nos encontramos en ese modo dejamos al resto de los animales atrás.

El concepto de enfermedad única es un solo mecanismo para todas las enfermedades: gen de inflamación abierto.

Cuando Freud llegó a América, comentó a Jung: "Ignoran que le traemos la peste". Con NEUROCODEX decimos: "Se enterarán de que le traemos una supervacuna".

El psicoanálisis, ciertos tipos de *coaching* y terapia, pertenecen al período paradigmático de la ciencia del "observador no participante". Por ello, resultan, en la práctica, anacrónicos.

Somos muchos los que construimos sólo que estamos dispersos, necesitamos unirnos...

El *coaching* médico es la profesionalización de la relación médico-paciente.

El mapa de nuestro cuerpo y sus relaciones se encuentra en el cerebro-mente, por ello funciona la comunicación como sanación, cuando es armoniosa, efectiva y solidaria.

La comunicación armónica, efectiva y solidaria casó al psicoanálisis con el conductismo, la hipnosis y la Gestalt en el siglo XXI: nació NEUROCODEX.

En estos momentos evolutivos somos seres S.E.P.A. {Sentimientos y Emociones enmarcan los Pensamientos que llevan a Acciones conscientemente dirigidas hacia la armonía con las dimensiones materiales, sociales y espirituales}.

El cerebro solo sabe aprender. Darle dirección y sentido es nuestra responsabilidad personal y nuestro compromiso material, social y espiritual.

En NEUROCODEX llamamos curación a la sustitución de síntomas y signos patológicos por expresiones saludables, siendo estos: pensamientos, emociones, sentimientos y acciones corporales y motoras específicas.

El yo es la representación introyectiva sintética del conjunto de mis interacciones con los otros que he vivido, vivo y creo que viviré.

Al percatarnos de que la dicotomía mente-cuerpo es una trampa de tipo lógico, resolvemos una gran cantidad de problemas.

Desarrollo y crecimiento personal, psicología, comunicación y educación

Amigo íntimo es aquel a quien puedes decirle, con absoluta libertad, acompáñame que quiero estar solo.

Detrás de todo buen argumento a un gran sentimiento.

S.E.P.A., vivir plenamente: alinee sus sentimientos, emociones, pensamientos y acciones congruentemente hacia direcciones coherentes con la vida (social, material y espiritual).

La personalidad se constituye en su relación con el futuro y las expectativas correspondientes.

La vida es una serie de caminos, vivir es transitar algunos de ellos.

Una creencia es la convicción afectiva (S y E) de que un P es una realidad absoluta acerca de algún aspecto de las 4D.

Quien sepa conectar positivamente las experiencias que vaya viviendo y conocer, dominar y manejar las mejores estrategias y tácticas para lograrlo, será quien progrese en el siglo XXI.

El secreto de la creatividad es la actitud DaVinciniana: poner la mirada y auscultar donde otros no lo han hecho.

El bien común no es un acto personal caritativo, es una urgencia social.

Para cocinar bien se requiere una buena receta. Puede ser individual, secreta y hasta inconsciente, pero, siempre hay una receta. Vale para todo en la vida.

Si un *tengo que* o un *debo* no tienen detrás *deseo* y "conviene ecológicamente", usted está en serios problemas.

Para aquel que no sabe leer, cualquier signo significa cualquier otra cosa. La educación es fundamental para vivir conscientemente.

Avanzamos en zigzag: del concepto al proceso y de éste a aquel.

Creemos en la amistad como el mecanismo más expedito para una evolución amorosa y saludable de la especie.

Nuestro trabajo es que el otro aprenda, no que nosotros le enseñemos.

Cuando hacemos buenas preguntas las respuestas vienen solas.

Libertad: decisión P.E.S.A. asumida probabilísticamente por nuestro inconsciente a partir de nuestras experiencias vividas hasta ese momento.

Los límites entre lo voluntario y lo involuntario se esfumaron.

La independencia absoluta no existe. Biológica, social y espiritualmente hablando somos interdependientes.

En la dimensión social todas las decisiones son arbitrarias, producto de un acuerdo tácito automático.

Busquemos construir la identidad en los seres de futuro interdependientes con el resto de la naturaleza. De lo contrario, corremos el riesgo de desaparecer.

Los grandes números no conmueven al ignorante.

La genialidad es más una metodología que un talento innato.

Avanzamos en zigzag: del concepto al proceso y de este a aquel.

Confundir las metas con la estrategia y las tácticas es una fórmula de fracaso casi asegurada.

Las religiones son modos de abordaje del mundo espiritual.

La intencionalidad inconsciente es hacer lo que ya se sabe hacer (pasado), la del consciente tiene que ver con el proyecto vital (presente y futuro).

La diferencia entre una persona educada y la que no lo es, es que la primera contempla las consecuencias de sus acciones sobre los demás.

Cuando somos pequeños llegamos a donde estamos arrastrados por adultos. Una vez adultos, llegamos por nuestros propios pies...

El cerebro humano está diseñado para la evolución, para crecer, para multiplicarse, para crear mundos que en este momento ni soñamos, esa es la verdadera historia.

Hablemos, hablemos y hablemos hasta que acordemos y nos comprometamos a chequear los pasos de nuestro común encuentro.

Fluir es estar profundamente enamorado de lo que haces dentro de tus planes vitales.

El que no se equivoca no aprende, y el que no aprende no transforma.

¿Dónde está el centro del universo? En el ombligo de cada quien.

Ama los procedimientos, te irá muy bien en la vida.

Creer es sentir, con una argumentación de respaldo a dicho sentir.

Los procedimientos de interacción humana son exactamente los mismos en cualquier circunstancia en que nos encontremos.

¿Qué es la educación? Primero, inhibición de los impulsos biológicos para luego canalizarlos inteligentemente en el marco de la cultura correspondiente.

Educación es el aprovechamiento constructivo de los miles de años de errores y aciertos de la especie humana. Condición indispensable para la evolución saludable y la felicidad de nuestra especie.

Autoestima: resultante valorativa del conjunto de interacciones procesadas en el momento de la evaluación.

Educación ultramoderna es el dominio inteligente de nuestros impulsos mediados por el aprendizaje humano en pos de un vivir saludable, ecológico y armónicamente feliz.

El "deber ser" es un invento humano en función de las expectativas futuras sobre la especie y el universo (multiverso).

No importa cuántos errores hayamos cometido, es a partir del aquí y ahora que podemos construir lo deseado. El pasado está para proveernos de recursos para esa construcción.

Sentimientos nobles, Emociones positivas, Pensamientos constructivos y Acciones congruentes (P.E.S.A.) son la clave de la evolución humana feliz. Todas ellas educables.

Todos tenemos razón; cuando discutimos, cada quién argumenta desde y sobre aspectos distintos de los procesos de la vida. Por ello no nos entendemos.

El cerebro se mueve en direcciones. La conciencia pone las metas y los logros.

Cuando alguien dice: "eso no tiene sentido", la pregunta útil siguiente es ¿para quién? (rescata al intérprete y la terceridad de Charles Sanders Peirce).

Podemos dividir los roles sociales en líderes, seguidores, contestatarios y saboteadores. El político es líder. El científico y el artista son contestatarios, el delincuente saboteador. Los demás, ay, los demás...

Cuando facilitas a otro tu lugar de trabajo: Para mantener el orden deja las cosas como las encontraste y no como tú las dejaste.

Como seres humanos venimos muy mal equipados físicamente para la sobrevivencia. Nos salva la inteligencia colectiva y la transmisión, de generación en generación, de errores, correcciones y aciertos, es decir, la educación.

Todo aquel que dedica horas a pensar o investigar algo, sobre cualquier tema, tiene cosas importantes que comunicarnos…

No existe última palabra. Este mundo es demasiado complejo, cambiante, ajeno y sorprendente como para reducirlo a simples afirmaciones. Mantengámonos curiosos e indagando.

Los mapas son guías perfectibles para el contexto donde nos movemos, no verdades en sí.

La mente es un mapa de lo vivido.

Sé transparente a lo trascendente.

Detrás de toda historia hay microhistorias que nos dan los detalles de cómo se configuró aquello.

La genialidad es un contexto actitudinal: ver, oír y sentir lo que otros no perciben. Por ello todos seremos genios si nos entrenamos adecuadamente.

Si quieres conocer las verdaderas, profundas y útiles causas de tu vida, búscalas en el futuro, allí están.

Nunca antes y en todos los aspectos de la vida, tuvo vigencia como ahora, lo dicho por el general López Contreras: "calma y cordura".

No existe última palabra. Este mundo es complejo, cambiante, ajeno y sorprendente como para reducirlo a una afirmación. Curiosidad e indagación podrían ser una buena consigna.

No hay buenos y malos, bondades y maldades. Permanentemente "bueneamos" y/o "malandamos".

Los humanos somos, básicamente, seres transformadores y teleológicos.

¿Qué es educarnos? Es encauzar nuestras emociones, cultivar sentimientos nobles, desarrollar y expandir nuestros pensamientos. Asimismo, diseñar, ejecutar y chequear acciones congruentes con el pensamiento y la sensibilidad por la ecología para ser guiados hacia los mundos material, social y espiritual que nos rodean y orientan cotidianamente.

Uno de los problemas básicos del ser humano es que interpretamos con mucha rapidez, irresponsabilidad y obstinación.

De los errores humanos, el más frecuente y perjudicial es creer que imponiendo o cediendo se puede vivir armónicamente.

Si me quejo del otro pierdo mi tiempo, mis opciones y mis posibilidades.

Cuidemos, aprovechemos, corrijamos y enriquezcamos el conocimiento que nos legaron nuestros antepasados.

Cada vez que nos descubramos cediendo o imponiendo algo a otro, preguntémonos: ¿qué está pasando que ambos andamos equivocados?

Si alguien cedió y alguien se impuso estamos ante un acuerdo limitado y limitante.

El ser humano es un comentador, sufriente y gozante, de lo que ocurre.

Para comprender debemos delimitar siempre un principio y un fin; y siempre serán arbitrarios.

Todo lo que puedas convertir en verbo, hazlo; pues el verbo es vida.

Si estás haciendo grandes esfuerzos para lograr algo o para detener una conducta indeseada es porque tu mente inconsciente no comparte los riesgos que implica.

Si alguien cedió y alguien se impuso estamos ante un acuerdo chucuto.

La percepción primero se hace emoción; si la emoción se queda, nublamos el entendimiento.

¿Qué nos brinda la conciencia humana? El qué, cómo, para qué y por qué de lo que hacemos y dejamos de hacer. Es la distinción mayor con el resto de los animales.

La pregunta más importante en la vida es ¿para qué? Ya que nos conecta con el futuro, la planificación y la voluntad de acción necesaria en la trascendencia.

El ser humano se distingue y caracteriza por su razonar y por poder convertir esta propiedad en acciones concretas.

En los encuentros humanos no hay verdades o mentiras, solo acuerdos o desacuerdos.

Un desacuerdo significa únicamente que ninguno dio con la verdad.

Más importante que el cómo empiezan las cosas es cómo evolucionan en nuestras manos.

La amistad es el compartir con gusto.

Los sentimientos marcan la diferencia en el destino humano.

Mente despierta en cuerpo sano y espíritu libre.

El humano es el único animal que envuelve los regalos. La forma importa.

La forma es sumamente importante para los acuerdos.

Acordar es compartir corazones.

La comunicación fáctica o no verbal conecta directamente los sentimientos, marcos de nuestro razonar.

Felicidad es un estado afectivo. Depende únicamente de ti.

Amor, gratitud y compasión son los pilares de cualquier filosofía y de religión con sentido positivo humano.

Solo los agradecidos entrarán en el reino de los cielos.

Amar es compartir P.E.S.A., en una dirección de consenso.

Las palabras son como las carnes: mientras más gordas más perjudiciales y difíciles de digerir.

Las palabras son como el acero; hay que calentarlas y enfriarlas para que tengan fortaleza.

Podemos visualizar nuestra vida como una esfera nebulosa donde transcurren espiraladamente nuestras intensiones e intenciones pasadas, presentes y futuras.

El razonamiento es un mecanismo de adaptación, dominio y transformación de la naturaleza pre-existente.

La actitud es sentimiento vuelto acción. ¿Cómo practicas la bonhomía, benevolencia, cortesía, nobleza? Piénsalo y ponlo en práctica.

Madurez es dominar y canalizar la P.E.S.A., para lograr la armonía y la sinergia en las tres dimensiones: social, material y espiritual.

Aceptar nuestra vulnerabilidad con dignidad es un paso importante en la búsqueda del bienestar.

> Del error al terror solamente hay una letra, la que añadimos mediante la queja, la culpa o el castigo. Si lo asumimos como una desviación iluminadora de nuestras metas nos pondrá en el camino de la creatividad y del progreso.
>
> El fin último de la educación es abrir y enriquecer el abanico de opciones futuras para vivir plena, feliz, armónica y saludablemente. No hay nada más.

La comunicación armónica, efectiva y solidaria no es natural ni espontánea. Si queremos crearla habremos de hacerlo con los mismos criterios con que construimos las cosas, tales como puentes, peines y lápices de labios, por ejemplo. Esto es, con un diseño previo, la ubicación de recursos, esfuerzos conscientemente orientados hacia los logros específicos que perseguimos y un sistema de chequeos adecuado de acciones, recursos y responsables a cada paso que demos en la dirección anhelada.

No hay nada más involuntario que la voluntad.

Llamamos dominio S.E.P.A., al cultivo de sentimientos nobles, la gerencia de las emociones, la generación y sistematización de pensamientos y a las acciones congruentes con tales decisiones.

La adolescencia es pirita (oro de tontos). La auténtica edad de oro es cuando alcanzas el dominio P.E.S.A. Rige el humano y sabes gerenciar tus emociones y sentimientos.

La comunicación armónica, efectiva y solidaria no es natural ni espontánea. La historia de la humanidad es la historia de desacuerdos, enfrentamientos, imposiciones... Para lograrla, necesitamos construirla de la misma manera que fabricamos aviones, lápices de labios, peines y chicles; esto es, con un esfuerzo consciente y motivado dirigido, coordinado, ejecutado y vigilado por los comprometidos en su fabricación, garantizando el paso de los secretos correctivos de generación en generación.

Nunca hay que imponer o ceder. Hablar, hablar y hablar hasta acordar es la salida sana y armónica de las diferencias.

Acordar es crear una opción que contiene y supera los planteamientos iniciales de las partes.

Ni con borrachos, ni apurados, ni fundamentalistas, ni gente molesta, converso. No me gusta perder el tiempo disponible.

Los humanos nacemos en estado salvaje; la cultura es nuestro pasaporte hacia la ciudadanía.

Los maestros no trabajan con niños, trabajan con potenciales adultos que construirán o destruirán mundos y vidas más adelante.

La genética es el punto de partida de nuestra existencia, no su finalidad; mucho menos su desenvolvimiento.

Armonizar es ponernos a bailar la misma melodía afectiva con nuestros corazones.

Los celos le pertenecen a la persona que cela. No tiene nada que ver con la persona celada.

No nos enamoramos de alguien. Enamorados, salimos a buscar con quien llenar esos sentimientos.

Acordar es colocar nuestros corazones en armonía.

Sobre autoestima: siendo la vida la Gran Escuela ¿en qué grado te ubicas? ¿Cuántos puntos de cero a veinte te otorgas en estos momentos? La respuesta es el proceso de Mejoramiento Continuo.

Quien vive atrapado en lo negativo, lo hace porque no sabe hacer otra cosa, si le brindamos algo nuevo y positivo, lo tomará.

Los demás proponen, yo dispongo.

> Ya no podemos vivir inocentemente. Tanto el Dominio Personal como la comunicación franca, abierta, honesta, equitativa y armoniosa no son naturales ni espontáneos. Si queremos desarrollarlos sanamente, hemos de proceder igual que como lo hacemos con el cultivo de un hermoso rosal: Preparándonos previamente, planificándolo cuidadosamente, ejecutando acciones específicas y concretas y vigilando su evolución en función de los cambios que ocurren en el entorno, muy especialmente aquellos que tienen que ver con nuestros semejantes.

Cuando alguien dice: "esto me marcó", parece que realmente dice: "esto me enmarcó".

Asumamos el vivir responsablemente.

Convierte lo que te pesa en tu P.E.S.A., de entrenarte para la vida, a fin de que S.E.P.A.s fluir libre, sana y armónicamente con ella.

La O es redonda, cerrada y aburrida. La Y es abierta, elegante y brinda opciones.

Tiempo presente: instante de acción y goce en el devenir de la vida.

Hemos de co-crear nuestras propias vidas con el mismo ímpetu e interés con el que fabricamos aviones, chicles y alfombras; o simplemente, como miramos televisión luego de una larga jornada laboral.

No es tu experiencia pasada lo que te dará respuestas a lo que no has podido resolver. Son tus vivencias presentes y futuras –filtradas por la experiencia– las que aclararán el panorama para que actúes congruente y sólidamente en procura de las diferentes salidas que la vida ofrece.

Organiza lo que S.E.P.A's y fluye libre, saludable y gozosamente con tu vida.

Es tu vida presente y futura la que esclarecerá tu panorama y te permitirá actuar congruentemente, creando opciones novedosas para vivir.

Los enemigos del saber y del progreso son: soberbia, vanidad, ignorancia, apofenia y limerencia. Los amigos son: humildad, solidaridad, flexibilidad, curiosidad, búsqueda, estudio, autocrítica y corrección.

Lo espiritual es como un paracaídas, no es necesario para vivir en la Tierra. Si quieres disfrutar el vuelo y la caída libre, se hace indispensable.

Mientras peor estén las cosas afuera, mejor hay que estar adentro.

La vida está llena de alcabalas, nuestra posibilidad es contar con el pasaporte y las visas correspondientes.

El acto de mayor ingenuidad humana es colocar la propia responsabilidad en manos de otro.

La mente es el director de la orquesta corporal, no la orquesta; el dueño se llama código genético. La epigenética nos demuestra que el dueño aprende.

Ni las quejas ni las culpas, ni las acusaciones, ayudan a resolver situaciones. Asumir los errores como "desviaciones iluminadoras" abre las puertas de las opciones correctivas.

Apego es poner en el otro la responsabilidad de tu propia vida.

Hay al menos dos tipos de madurez: la del hemisferio izquierdo que nos brinda la conexión con el exterior y la del derecho, consistente en el desarrollo personal.

¿Permiten las redes sociales el crecimiento? Si las usamos en la dirección vital, sí.

¿Cuál es tu dirección vital? Asegúrala, de lo contrario, naufragarás.

Usa la tecnología y no permitas que la tecnología te use a ti.

La esperanza, colocada detrás de la ilusión supera con creces cualquier dato externo.

"En lugar de vivir en 140 caracteres, es preferible una vida de 500 páginas o más".

"Requerimos un dominio honesto de los sentimientos y valores para poder salir adelante".

Si confundes el menú con la comida no te alimentarás...

La vida es un disparo: tiene principio y fin, trayectoria y desenvolvimiento.

El cerebro funciona como ciertas máquinas: si usted da un toque tendrá un efecto; si deja el dedo pegado tendrá otro diferente.

Pensar es identificar y atar cabos sueltos.

¿Para qué sirve un semáforo? Detente a pensar...

En los momentos más difíciles es cuando más cordura se requiere.

Cordura es conducir en direcciones claras y precisas nuestros impulsos básicos.

Las dificultades son el fiel reflejo de nuestro dominio interior, mientras más se presentan más nos fortalecemos.

Las creencias son pensamientos encementados con sentimientos.

Las creencias son las reglas de juego de la vida. ¿De qué tamaño es tu cancha?

La creatividad no es solo razonamiento, requiere cambios perceptivos y actitudinales integrados a la observación detallada y precisa.

La pluripotencialidad de los seres vivos se expresa en la interacción sistémica con el medio donde se desenvuelven.

Reconocer con amor y dignidad nuestra vulnerabilidad es un paso esencial para actuar con cordura y precisión en la vida.

Detrás de toda decisión hay una persona.

¿Qué limita el entendimiento y la comunicación?

1. Creer que lo que vivimos es la única realidad.
2. La emoción desbordada.
3. Los sentimientos sumergidos.
4. La zona de familiaridad.

5. La inmovilidad física.

6. La mala alimentación.

Ser más atraídos por lo negativo y limitante que por lo generativo y positivo.

Convierte lo que te pesa en tu P.E.S.A., de entrenar. Así tomas tus propias decisiones y abandonas aquellas que fueron instaladas cuando aún no tenías opción.

La mente es como una bicicleta, si la detienes te caes.

Cuando alguien me habla, yo me escucho... y viceversa.

Si quieres una vida específica, constrúyela.

Usa la tecnología e impide que la tecnología te use a ti.

El pasado puedes usarlo como chinchorro o como trampolín. Tú eliges.

En la medida en que asumamos nuestras competencias de seres transformadores, garantizaremos una evolución armónica, feliz y saludable de la especie.

La gimnasia cerebral es *feng-shui* para el alma.

La genialidad no es una condición, es un contexto.

¿Cuál es el mínimo esfuerzo? Hacer lo que ya sé hacer...

Vivir es conducir por los caminos de la vida; cuando conozco la carretera y la mejor velocidad para transitar por sus vericuetos puedo considerarme experto. Cuando construyo nuevos caminos soy innovador.

¿Qué nos inclina al pasado? Puesto que es una experiencia vivida la asumimos como verdad. El cambio se inicia desde la humildad de reconocernos como seres de alto errar.

La experiencia es dominar métodos e identificar con acierto los contextos de aplicación.

Pensar y creer son procesos diferentes: El primero es el uso del razonar, lo segundo de sentimientos profundos, en una lógica propia y atemporal.

El genio, más que poseer una inteligencia natural e innata, cultiva el querer ir siempre más allá de donde se encuentra. Entiende la vida como un proceso de mejoramiento continuo, donde siempre se topará con algo nuevo.

Siempre que digamos o escuchemos una frase que comience con "es que tú", pensemos: diferencias de interpretación y procedamos a revisar los acuerdos relacionales.

No endulces tu vida, vívela ecológica e intensamente.

El cuerpo busca la homeostasis; el músculo, el cerebro y las interacciones sociales y espirituales trabajan en función escalonada.

Si queremos ser libres y excelentes hay que actuar con profunda autocrítica. Es inevitable para el éxito humano. Ser autocrítico no es ser implacable con uno mismo. Podemos lograrlo en forma divertida si practicamos "la desviación iluminadora".

Del error al terror solo hay una letra, la que colocamos mediante la queja, la culpa, el resentimiento y el castigo. Si acogemos el error con entusiasmo y alegría conoceremos "la desviación iluminadora".

Nunca fracasa la persona, fracasa el método empleado en ese contexto particular.

Criticar es el arte de separar la paja del trigo con entusiasmo.

Ser serios es asumir con muy buen humor la responsabilidad y el compromiso que significa vivir gregariamente.

Las mayores y mejores causas se encuentran en el futuro y suelen ser ajenas a uno mismo; pertenecen a la vida como tal.

Entendimiento y empatía en lugar de interpretaciones y juicios.

Los seres humanos vivimos en oxímoron permanentemente, debido a que nuestras emociones y sentimientos se presentan en racimos o redes.

Las verdaderas, sólidas y trascendentes causas humanas están en el futuro.

Lo relacional no es meta con respecto al contenido de los mensajes, es paralelo.

¿Para qué envolvemos los regalos?

Las cosas no ocurren por si queremos o no. Las cosas ocurren según los programas mentales que utilicemos. Y el 99,99% de estos son de orden inconsciente.

La observación es una descripción perceptiva contextualizada. La interpretación es una versión dentro de un marco de reglas establecidas.

El inconsciente es una fuerza extraña, ajena y potencialmente rica que nos hace vivir en oxímoron la mayor parte del tiempo.

Lo que da sentido a las cosas es precisamente el sentir... Ir más allá de nuestros argumentos.

La mente (mentar) es un espacio virtual de aprendizaje que se desarrolla constantemente en forma espiralada y progresiva.

Pensar es comentar. Y cuando esos comentarios van de la mano con las leyes y patrones de la naturaleza, razonamos.

Las creencias son expresiones de la terquedad humana y, la terquedad, es un sentimiento.

Cada día hemos de lidiar con un rompecabezas (armacabezas) de ocho piezas: 4 interiores (pensamientos, emociones, sentimientos y acciones), una interface, la atención; y tres dimensiones ajenas: social, material y espiritual. Aprendamos a vivir amable y felizmente con ello.

¿Cómo simplifica el cerebro lo complejo de la vida? Aquello que repites, adecuadamente representado, lo automatiza para hacerlo manejable.

El estudio y la investigación nos permiten ir más allá de lo aparente e inmediato y obtener muchas más opciones para vivir plenamente.

La distancia entre lo que uno quiere y lo que se consigue a veces es kilométrica.

La auténtica asertividad consiste en actuar según las profundas intenciones, deseos y expectativas ecológicas del otro, siempre y cuando sean compatibles con las nuestras.

La P.E.S.A., es para entrenarnos; S.E.P.A., para la conducción inteligente, humana, P.A.S.E., para acciones específicas y S.A.P.E., para cuidarnos, ya que es la más animal de las respuestas.

Al analizar el comportamiento animal nos detenemos en la cacería y nos olvidamos de la alimentación.

Relacionarse bien no es una virtud, es una metodología.

Hacer divertido el esfuerzo es un vínculo deseable en la búsqueda del éxito.

Aceptar la vulnerabilidad es un paso importante en la siembra de la humildad.

Negarla, nos puede llevar fácilmente a la arrogancia.

Cuando decidimos hacer algo, automáticamente estamos renunciando a otra cosa.

Como seres vivos tenemos masa y carga. A esa carga, de gran complejidad, la denominamos P.E.S.A., {pensamientos, emociones, sentimientos y acciones}.

No solo somos águilas, también somos mariposas. La última, cuando estamos creando o recopilando información; la primera cuando, ya con el objetivo en mano, nos lanzamos a la conquista de nuestra meta.

El mundo personal es del tamaño de las experiencias vividas; el resto, inmensidad por develar. Por ello, hemos de indagar y estudiar continuamente.

Vivimos mayoritariamente en oxímoron.

Exigir no es rechazar, y mucho menos, odiar. Exigir es plantear la necesidad de un cambio en el comportamiento, el tipo y la calidad de interacciones

Querer, poder, hacer y obtener son cuatro verbos independientes que cuando se enlazan entre sí conducen al lograr.

Uno se da cuenta de la locura cuando sale de ella, no antes.

"Contexto de Intención y Atención" es el término clave para integrar visión holística, estrategia sistémica y acciones específicas, sin contradicciones ni paradojas.

Si queremos el mundo que soñamos, cada día debemos entrenarnos en las competencias (Pensamientos, Emociones, Sentimientos y Acciones) que nos conduzcan inexorablemente hacia allá, en las diversas dimensiones que ocupamos: vida intrapersonal, social, material y espiritual.

¿Soy un predicador? Sí, en la medida en que alguien tiene algo importante que comunicar hay una responsabilidad social que cumplir. NEUROCODEX es un macrometamodelo de la experiencia de vivir que puede facilitar el forzamiento de una evolución EcoResConSoPaFeLoSaDiEdEs: Ecológica, Responsable, Consciente, Solidaria, Pacífica, Feliz, Longeva, Saludable, Divertida, Educada y Espiritual...

No existen las emociones colectivas. Puede haber un montón de gente experimentando emociones semejantes en un momento y lugar dado; contagiándose el patrón correspondiente. Pero eso es otra cosa.

El inconsciente está configurado por fuerzas extrañas, ajenas y poderosas que determinan nuestro comportamiento.

La paz interior es un sentimiento, la paz común es una conducta.

El corazón solo es un caballo desbocado; su jinete, la razón, ha de guiarlo sabiamente para que pueda llegar a buen destino.

Nunca permitas que te orienten el odio y/o el temor. Que el amor y la esperanza sean nuestras guías fundamentales en la vida.

Reflexionar, para los que vivimos neurocodificadamente, es buscar una congruencia P.E.S.A., alrededor de algún asunto en particular.

Sí se puede tapar el sol con un solo dedo: Ante uno mismo... Ante nosotros mismos convivimos frecuentemente tapando el sol con un dedo, entrenémonos para destaparlo, y vivir la luz que nos ilumina a todos.

Un pensador acucioso, hoy por hoy, es un pensador sistémico espiralado.

Todo es aprendizaje. Ahora, aprendemos de cuatro modos distintos aunque simultáneos y complementarios. Es la P.E.S.A.

Tu realidad es válida solo para ti; la social es compartida; la material y la espiritual son ajenas e independientes de nuestras experiencias.

La realidad social es la hamaca sobre la que estamos tendidos. Si está deshilachada el peligro es alto. Si está sólidamente entretejida soporta casi cualquier cosa.

No hay nada más objetivo que la subjetividad, solo que es una objetividad individualizada.

La paz no es una cosa, un logro. La paz son acciones específicas.

No se marcha por la paz, se marcha pacíficamente.

Quien culpa, se lamenta o acusa (a menos que sea fiscal) no cumple su trabajo.

Al que no sabe contar cualquier cifra le resulta igual.

La adultez no se mide en años, se mide en esfuerzo, lo que se traduce en responsabilidad y compromiso.

Actuar pacíficamente es el primer paso para acordar o convenir.

¿Qué es una mentira? Una afirmación que no se traduce en hechos concretos.

La vida es como un gigantesco lego en permanente reorganización.

Para poder acordar hay que revisar los paradigmas y sentimientos que están detrás de cada propuesta, puesto que ellos son los marcos que determinan las profundas diferencias.

Siempre actuamos desde nuestras metas (conscientes e inconscientes) y desde lo que vamos aprendiendo. De allí la importancia de flexibilizar las percepciones, el sentir, el pensar y el actuar.

La paz interior es un sentimiento. La paz social es una convención que implica acciones específicas de cada persona hacia los demás.

Ya no podemos vivir inocentemente. Como especie nos impusimos sobre el resto de la naturaleza. La responsabilidad está en cada uno de nosotros y el compromiso con el futuro del planeta es ineludible.

Todo tiempo futuro será mejor. En la medida en que me responsabilice de lo que he de hacer y me comprometa solidariamente con los otros.

Las auténticas paradojas no existen; ya que la "situación inescapable" siempre es un marco provisional.

Un paso importante en las negociaciones no es solo reconocer al otro; es aceptar y comprender su conducta inicial y perdonarla.

No hay razones. A veces operamos en modo razonable.

En las guerras todos son perdedores, solo hay ganadores en la paz.

Toda imposición conlleva sometimiento y todo sometimiento conlleva frustración. He allí la raíz de cualquier conflicto, antípoda del acuerdo y la armonía.

Un líder no está para "manejar" multitudes, está para coordinar acciones múltiples que conduzcan a buen puerto.

Los argumentos sin respaldo en hechos específicos compartidos son simplemente justificaciones a los sentimientos profundamente enraizados.

La sencillez facilita la eficiencia y la eficacia. La simplicidad las estorba y limita.

El aburrimiento es el mecanismo que abre las puertas del nuevo deseo que, a su vez, lleva a la curiosidad y la búsqueda de innovación.

El sexo no es el eje de nuestra vida. Es un impulso vital. El eje es la neurocodificación.

Así como el niño inmaduro confunde las percepciones internas y externas, el adulto no ilustrado confunde sus pensamientos con las realidades externas (material, social y espiritual).

En el egoísmo hay movimientos unilaterales para imponerse sobre el otro, quien pasa a ser un jarrón chino. En la influencia con integridad hay movimientos complementarios para logros y destinos compartidos.

El "yo" no es el ombligo. Es la resultante de mi cultura interior. De allí la primacía de la educación.

La relatividad del conocimiento cuestionó valores que la condujeron a convertirse en un arma letal en contra de la humanidad.

Nos liberamos de nuestras cadenas patológicas cuando P.E.S.A.mos espiraladamente.

Volvemos sobre lo mismo cuando razonamos lineal o circularmente. Al hacerlo en forma espiralada nos liberamos del yugo de la repetición neurótica.

El perfeccionismo solo sirve para estresarnos; el secreto de la maestría está en amar lo que hacemos y disfrutar las correcciones.

Para ser un buen profesional hay que estar enamorado del oficio.

Conectar, redundar, evaluar y reconectar son los grandes verbos que nos abren las puertas del futuro.

La satisfacción es la emoción oxímoron que me mueve a estarme quieto y feliz.

Detrás de cualquier decisión "fríamente calculada", hay un conjunto de sentimientos que le dan sentido y dirección a tal decisión.

La ignorancia no es una condición, es un resultado.

La diferencia entre una persona con Asperger y un genio es el trato que recibe de sus congéneres.

El predominio de las emociones, a la hora de decidir, sobre los sentimientos y pensamientos nos hace todavía más *Homo Ludens* que *Homo Sapiens*.

La escuela y el trabajo suelen estar tan desconectados de la vida que ¡dan vacaciones!

Los dones fundamentales de un maestro son: atención flotante y plena, paciencia, apertura perceptiva y crítica, empatía, claridad expositiva y evaluación constante.

Vivimos en oxímoron. Para disfrutar con la vida debemos equilibrar libertad y obligación.

Un educador es como un enamorado: ha de arreglárselas para conquistar (embelesar) a sus alumnos.

El dominio de competencias para vivir autónoma y felizmente no tiene que ver con la edad, sino con el proceso educativo.

¡Patrás solo pa'cogé impulso!

Todos nacemos profundamente dependientes, nuestra misión es transitar la independencia y la interdependencia en forma contextualizada, ecológica y en espiral de crecimiento continuo.

Al insistir en mantener separadas las funciones mentales (percepción, memoria, inteligencia y creencias) intentando entenderlas aisladamente, perdemos la esencia del proceder humano. De allí que la unidad de análisis ultramoderno es el proceso global.

Dialogar es enriquecernos desde la conversación (versar con otro). Es un acto de inteligencia colectiva.

No estamos acostumbrados a soñar holísticamente, pensar sistémicamente y actuar en direcciones específicas hacia nuestros sueños. Ese es el reto mayor del siglo XXI.

El inconsciente es muy grande y poderoso, aunque infantil y descontextualizado. Por ello, conviene que el consciente esté muy activo y gerenciándolo.

Los seres humanos tenemos la gran capacidad de entender y solucionar los problemas ajenos fácil y espontáneamente. Por ello, si quieres saber de ti, pregúntale a tus congéneres.

Cuando las personas oímos, o vemos, algo inconsistente para nosotros, cerramos la percepción y lo rellenamos con nuestro propio discurso. Luego decimos: "Tú no dijiste (hiciste) eso".

Nunca debemos conversar presa de una emoción negativa intensa.

Cuando el liderazgo es puesto en manos de jóvenes esperanzados es porque hay desencanto entre los adultos.

Todo el que dice algo, algo de razón tiene.

Fue un accidente el que no nos hayamos reconocido antes. Somos hermanos de especie, de esencia y de naturaleza; juntos podremos evolucionar mejor.

La función de los errores es enseñar y corregirlos.

Cuando alguien se siente halagado en tanto le dicen más joven de lo que es, no toma en cuenta que descalifica su propia experiencia.

Organizacional, empresarial y liderazgo

Estamos dispersos, necesitamos unirnos

El ADN de las empresas son su visión y misión

Un líder es aquel que percibe lo que el grupo desconoce y lo que va a querer, mostrándoselo antes de que ellos tomen conciencia del deseo e incitándolos a seguir el rumbo correspondiente.

Mientras no seamos sustituidos por robots, el Factor Humano constituye el elemento más influyente en los resultados de cualquier empresa.

El cambio no es organizacional. Le pertenece a la gente que está en la organización.

> No son las organizaciones las que cambian. Son las personas que laboran en ellas las que impulsan su progreso.

Liderar es dar un tono afectivo al equipo, y así conducirlo por la senda práctica del sueño compartido.

Una buena forma de liderar implica un desenvolvimiento por la espiral entusiasmo-conocimiento-responsabilidad-compromiso, siguiendo el láser de una dirección clara y precisa.

¿Para qué un director de orquesta? En sentido estricto no es indispensable. Ahora, brinda el tono afectivo esencial para la expresión musical.

Líder es aquel que logra la movilización de las masas, no quien solo lo anuncia.

El liderazgo es una dinámica que ocurre entre líderes y seguidores, no decisiones arbitrarias de cada uno.

El líder modifica pasionalmente a los seguidores y los mueve (e-moción = lo que nos mueve). Este fenómeno es ajeno a la razón.

En la historia las masas nunca deciden por sí solas. Si no hay líderes que empujen no hay cambios sociales. Es una ley neurológica.

Pareja, relaciones y familia

El ADN de la sociedad es la pareja. Si su código es constructivo contribuirá notablemente a la evolución EcoResConSoPaFeLoSaDiEdEs (Ecológica, Responsable, Consciente, Solidaria, Pacífica, Feliz, Longeva, Saludable, Divertida, Educada y Espiritualmente guiada).

El misterio, la indiferencia, la violencia y el escándalo son las únicas actitudes que dañan a un niño pequeño.

La pareja y familia perfecta es aquella que renueva constantemente su autoestima, las creencias, las habilidades de comunicación y sigue sus planes fundamentales, con expectativas comunes. No es perfecta, es perfectible.

¿Qué caracteriza a una juventud sana? Energía, humor, curiosidad, apertura, exploración, crítica, acción y corrección tras el mejoramiento continuo. Supera a la edad biológica.

Autónomamente decido compartir mi cotidianidad con quien pueda y quiera hacerlo de forma complementaria. He allí la clave de la felicidad en pareja.

Estar sol@ no es lo mismo que estar solter@.

Una niñez sana es la puerta segura para una adultez feliz.

Cuando la mujer reclama, el hombre típicamente contesta: Bueno, y ¿qué quieres que yo haga? Y así continúa el distanciamiento…

"Buscando la felicidad a través de otra persona el peligro de convertirla en instrumento es potente", señaló José Antonio Marina. Por ello, felizmente sal a buscar con quien compartir tu propia felicidad.

Mientras no se integre la COMPLEMENTARIEDAD las parejas fracasarán.

El individualismo y el egocentrismo conspiran contra el concepto de familia.

Lo que llamamos juego infantil en realidad es un trabajo muy serio. Es la manera cómo el niño adquiere competencias de futuro desenvolvimiento y relacionamiento.

Dejemos de tratar a los niños como si no fueran a crecer.

La conducta disruptiva de un niño es el reflejo de un desbalance familiar.

No busques la felicidad en una pareja. Felizmente, sal a buscar con quien compartirla.

El mandato más firme de la naturaleza sobre los seres vivos es ve y reprodúcete. Y nosotros lo hacemos de una forma muy curiosa... Por ello, con persona casada, ¡ni café solos!

Padres: traten a sus menores como si fuesen a hacer caso, sabiendo que no están listos todavía para hacerlo.

Autoridad firme y suave, estable y magnánima es una gran clave en la formación de ciudadanos desde pequeños.

La mayoría de los padres actuales suelen llegar tarde a la educación de sus hijos.

El alimento básico del amor es una sana convivencia consensuada.

En el amor, a mayores exigencias, peor pronóstico.

Compartir es que yo parto contigo mis alimentos (materiales, mentales, emocionales, sociales y espirituales) en forma alegre y convencida. Y tú haces lo mismo conmigo.

En pareja y en negociaciones nunca hay que ceder o imponer. Hay que regalar y recibir con humildad. Regalar significa el acto maduro de compartir para complacer en la diferencia complementaria.

Los géneros no somos opuestos, somos complementarios; como la llave y la cerradura, pitcher y cátcher, por ejemplo...

Entender la biología de las relaciones de pareja es clave para lograr la complementariedad, indispensable para la marcha de la relación.

Si besas un sapo y no se convierte en príncipe, devuélvelo inmediatamente al charco porque se trata de un sapo... y sal a besar a otro, hasta que encuentres al verdadero príncipe.

El amor es como un baile: se necesitan dos acordando para ejecutarlo con acierto.

Mujer: con la estética lograrás que él te desee y te haga el sexo; el resto del camino hacia el amor has de conducirlo tú.

La ternura, el amor, la solidaridad fortalecen el campo energético humano. La rabia, la tristeza, el odio, el aislamiento lo debilitan.

Como cada quien habla desde su experiencia, y esta es única e irrepetible, encontraremos más diferencias que semejanzas en nuestros encuentros.

NEUROCODEX en sí mismo

Diccionario personal: hay que construirlo en el *espectro alejo acerco*, ya que de esta manera garantizamos el convertir los sucesos en proceso (es más V, A y K que Ad) Ad se corresponde con la experiencia del lenguaje que es la que tiende a "congelar" las experiencias. De allí que conviene descongelar (desanudar) aquellas frases y oraciones que nos lleven a alejarnos de nuestros intereses y búsquedas con sentido.

Las ocho grandes raíces mentales de NEUROCODEX son psicoanálisis, conductismo, hipnosis, psicodrama, corporalidad, espiritualidad, comunicación humana, genética y neurociencias. Las demás (más de doscientas) son derivadas de esas raíces mayores.

¿Y cuál es el gran secreto de NEUROCODEX? Copiamos el modo de proceder de la naturaleza modelado en el *Big Bang* y en el ADN: las estructuras se mueven en direcciones establecidas (teleología) espiraladamente, siguiendo una dinámica todo-detalles en una causalidad compleja y redundante. Lo mismo ocurre con nuestros pensamientos, emociones, sentimientos y acciones (la P.E.S.A., de entrenarte para la vida).

La ética NEUROCODEX hunde sus raíces en el respeto a la vida, la dignidad, la salud, el bienestar, la longevidad y la espiritualidad, tanto en lo personal como en la convivencia.

La intranet cerebral opera en modo cuántico-holográfico. Por ello se requiere la intervención de especialistas en software y hardware cerebral para sacarle el máximo provecho y hacer las reparaciones y mantenimiento adecuados y necesarios para su correcto funcionamiento. A eso nos dedicamos en NEUROCODEX.

NEUROCODEX es una propuesta para dignificar la ultramodernidad.

NEUROCODEX es una metodología que desarrolla modelos de la experiencia de vivir para transformarlo en un buen vivir.

NEUROCODEX es el psicoanálisis, conductismo, humanismo, potencial humano y espiritualidad del siglo XXI.

NEUROCODEX no solo describe detalles de nuestra realidad, ayuda a transformarlos.

En NEUROCODEX tenemos la misión de convertir la aventura filogenética de la evolución en una aventura ontogenética de transformación humana positiva.

¿Por qué en NEUROCODEX elegimos, en primera instancia, abordar el software cerebral? Porque es la vía natural para llegar al hardware, requiriendo menos esfuerzos y gastos tecnológicos.

NEUROCODEX recoge y sistematiza en una versión única los universales de la experiencia humana para enriquecer una caja de herramientas de transformación positiva y evolutiva del ser humano.

NEUROCODEX es la Ciencia y el Arte de vivir extraordinaria y esplendorosamente, guiados por los miles de años de inteligencia colectiva.

NEUROCODEX es la disciplina que se encarga de convertir el modo como opera la cabeza (cerebro y campo) en métodos y herramientas útiles para vivir bien (saludable, alegre, longevo y en armonía con el resto de lo existente).

Hay tres grandes verdades en la existencia que guían el accionar NEUROCODEX: el *Big Bang*, el ADN y la experiencia subjetiva. Se contienen unas a otras y evolucionan espiraladamente.

Todo sigue la misma estructura: psicología, medicina, sociología, resolución de conflictos, gerencia, equipos, etc. Tratan del estudio, comprensión y cambio positivo del ser humano, en diferentes modos y niveles de abordaje. Los integramos en la concepción NEUROCODEX.

En NEUROCODEX comenzamos trabajando con el cerebro-mente; luego nos fuimos al cuerpo, después a las relaciones humanas y actualmente nos ocupamos de todo el sistema vida.

NEUROCODEX es el modelo estándar de la condición humana o del acto de vivir.

NEUROCODEX es la ciencia y el arte de transformar las propiedades mentales en herramientas útiles para la cotidianidad, mediante el uso de la forma como el cerebro codifica los estímulos competentes para modificarlo.

La propuesta NEUROCODEX para el *coaching*, el *mentoring* y la terapia es una sola visión holística que integra las diversas aproximaciones y un abanico inmenso de opciones y soluciones personalizadas a cada consultante.

NEUROCODEX es una propuesta constructora de puentes virtuales y reales entre disciplinas que aún permanecen separadas y, a veces, enfrentadas...

¿A qué llamamos evolución en NEUROCODEX? A un proceso solidario y pacífico hacia la felicidad, longevidad, salud y educación plena de cada ser humano.

NEUROCODEX es la ciencia y el arte transdisciplinario del bien vivir: EcoResConSoPaFeLoSaDiEdEs (Ecológico, Responsable, Consciente, Solidaria, Pacífica, Feliz, Longeva, Saludable, Divertida, Educada y Espiritualmente guiada).

Misión NEUROCODEX: No podemos conocer la realidad tal y como ella es, podemos versionar modelos acerca de ella que nos resulten útiles para la existencia y la co-construcción de un mundo a la medida de nuestros deseos, necesidades, sueños y expectativas... Tal co-construcción es inevitable en la medida en que utilizamos nuestros recursos naturales y creados por nosotros para dirigir conscientemente, en forma planificada y vigilante, paso a paso, nuestros encuentros con las realidades que versionamos.

Muchos seguimos separando el conocimiento de la especie humana. Juntémoslo y veamos qué ocurre. Es el reto asumido por NEUROCODEX.

NEUROCODEX contiene el modelo más completo y sencillo de cómo funciona el ser humano y de cómo podemos sacarle el mayor provecho práctico positivo. La fórmula es elemental: lo extraemos de los productos de inteligencia colectiva que se van produciendo.

Las preguntas claves del aspecto pragmático de la metodología NEUROCODEX son: ¿hacia dónde se está moviendo esta persona o equipo? ¿Hacia dónde desea hacerlo? ¿Es ecológica su decisión? ¿Cómo lo ayudamos a recorrer el camino que lo conducirá hasta allá? ¿Cuáles recursos le podemos proporcionar? ¿Cómo sabremos que llegó? Una vez allí ¿Cuál dirección tomará?

Con NEUROCODEX descubrimos y sistematizamos el código cerebral, donde se encuentran los botones del dominio P.E.S.A.

El proyecto NEUROCODEX consiste en aprovechar nuestras capacidades adaptativas y transformadoras para una vida y evolución EcoResConSoPaFeLoSaDiEdEs (Ecológica, Responsable, Consciente, Solidaria, Pacífica, Feliz, Longeva, Saludable, Divertida, Educada y Espiritualmente guiada).

NEUROCODEX es la tecnociencia que estudia el modo de ser humano y sus posibilidades de transformación y evolución EcoResConSoPaFeLoSaDiEdEs (Ecológica, Responsable, Consciente, Solidaria, Pacífica, Feliz, Longeva, Saludable, Divertida, Educada y Espiritual) éticamente planificada.

¿Qué somos en NEUROCODEX? Recogedores, inventores y fabricantes de métodos, técnicas y herramientas para cada día vivir mejor y mejor.

En NEUROCODEX somos fabricantes de herramientas útiles para vivir cada vez mejor; saludables, felices y en armonía con el multiverso.

PARTE II
Recogidos entre 2013 y 2016

Filosofía, metodología y ciencias en general

La ignorancia es atrevida, atribuirle propiedades a "Dios" es su máxima expresión. Creer en Dios comparte el mismo mecanismo que el enamorarse; se trata de un asunto sensible no racional. Por ello como demostró Kant, es inútil discutir su existencia.

Únicamente cuando los religiosos admitan que su religión es tan válida como los otros modos de pensar sobre lo trascendente y suban a ese nivel lógico afectivo, tendremos paz en el mundo.

El lenguaje es un código cualitativo de las matemáticas.

El secreto de las matemáticas es que es el código que comprime y simplifica enormes cantidades de información.

El asunto no es si Dios existe o no, es el uso que las religiones le dan para obligar a la gente a seguir sus ocurrencias.

¿La esperanza es una forma de fe?

La religión es un invento regulador de la locura humana.

Los estudios médicos iniciaron por anatomía (parálisis) por eso no notamos el zoom en nuestro eje.

Mi vida es matemática: suma alegrías, resta dolores, divide penas y multiplica agradecimientos.

Hay que distinguir bien la ocurrencia de la innovación.

Las Matemáticas sin los modelos teóricos son tan inútiles como un jarrón chino: costosas y admirables, pero sin uso práctico alguno.

El error básico en el razonar filosófico y científico estuvo en seguir a Platón, quien llamó "realidad" a lo que pensaba acerca de los hechos; ¡y nosotros lo seguimos!

Ciencia significa conocimiento sólido y preciso, fundamentado en 4 grandes pilares: matemáticas, lógica, modelos y pruebas independientes.

"Separatitis" es la inflamación del procedimiento analítico para conocer y dominar algo acerca de lo que acaece. Enfermedad frecuente entre los que se denominan científicos.

El filósofo mata los hechos con sus argumentos (Xenón). El científico mata sus argumentos con los hechos (Diógenes).

La energía es una red que envuelve todo. Cuando lo miramos así entendemos la cuántica (podemos usar de símil un gas o el agua).

Dios es la energía con intenciones.

La creencia es un modo de sentir lo que se supone real.

La Filosofía y la ciencia ecohumanista se casaron para favorecer el ascenso humano.

Intentar su divorcio implicaría un salto atrás de mil años por lo menos.

Nosotros no vemos la superposición, sino que vemos lo superpuesto. De allí un rasgo importante en nuestras argumentaciones que se distancian de lo que ocurre en la naturaleza. La investigación científica es el intento más serio por corregir tal aberración.

Cuando establecemos límites entre ciencia, tecnología, humanidades, artes, etc interrumpimos el curso normal de lo viviente.

En las ciencias "duras" (matemática y física) se descubre, no se inventa.

Quien ignora la historia olvida lo importante de la vida.

La matemática y la música son materias-código de la vida.

La continuación natural de la historia hoy la ocupa la publicidad, al vendernos los nuevos espíritus de época que vamos viviendo.

Requerimos una poética de la ciencia y una ciencia de la poesía.

La historia ha sido perversa con la humanidad pues siempre ha hablado de seres extraordinarios, dejando a la mayoría común abandonada a su suerte.

La matemática es la ciencia del código estructural de la vida que sigue el proceso de inteligenciar.

El pensamiento y la metodología científicas son la única doctrina flexible (sí, es un oxímoron) que conocemos, por ello es nuestra mejor guía para movernos eficazmente en un entorno poco conocido todavía.

El mundo material es ancho y ajeno. Como seres individuales vivimos la representación, como seres sociales vivimos la interacción, ¿y cómo seres espirituales lo trascendente del existir?

Si Dios o la naturaleza pensaran como nosotros, un día en su rutina sería equivalente al tiempo transcurrido entre la aparición de los australopitecos y el momento actual. Con razón, Albert Einstein dijo: "Me interesa el pensamiento de Dios, lo demás son detalles.".

No hay principios ni fin en la naturaleza solo estructuras energéticas en continua transformación espiralada. Adjetivos dialécticos como principio-fin, buena-mala, justo-injusto, entre otros., son arbitrariedades lingüísticas fundamentadas en nuestras propiedades autopoiéticas.

La vida es un gran juego deportivo siendo la casa y la escuela sus centros de entrenamiento, por lo que conviene rediseñarlos siguiendo el Diseño Humano Per (PESA).

En ciencia tradicional, las contribuciones eran vistas como efluentes del conocimiento. Con NEUROCODEX las incorporamos como afluentes.

Dios es una metáfora tranquilizadora y esperanzadora.

Lo que más me sorprende en la vida es la facilidad para convertir en creencias nuestros descubrimientos propios.

La Matemática es la vía regia para salir de la confusión y desconcierto que normalmente nos acompaña y que nos sirve para decir tonterías, a cada rato.

Todos filosofamos. Cuando la joven cuestiona su belleza frente al espejo, filosofa. No obstante, hay filosofares básicos y avanzados; cuando contemplamos saberes del curso histórico con profundidad, como el TAO, Platón, Kant, Wittgenstein, Marina, etc., engrandecemos al ser humano.

El alma ¿es un componente o una propiedad emergente?

Al igual que en la física, en el estudio del ser humano, grandísimas o pequeñísimas masas (política e individualidad) se conjugan las relaciones con reglas diferentes a la del término medio.

No hay nada menos improvisado que la improvisación, solo que su planificación es inconsciente.

La vida es dura en la medida en que nos guiamos por las apariencias y obviamos los mecanismos profundos regidores de la misma.

En nuestro proceder, primero aprendemos los procedimientos y luego las razones.

El modo de pensar mágico es indispensable para la creación, las artes y la planificación de la manera de vivir y mejor de la mano de la razón empírica; nos permite construir nuevas realidades materiales.

La diferencia entre religión y ciencia es que la primera siempre es verdadera y absoluta; la segunda está formada por modelos parciales y provisorios.

Las matemáticas son el metacódigo de los mecanismos profundos de la naturaleza.

En cada idioma hay permutaciones de letras y sílabas "favorecidas". Igual ocurre con nuestro genoma y sus posibilidades de expresión.

El papel primordial de un científico es sustituir sus creencias por los mecanismos detrás de lo que acaece.

En la apreciación de las cosas y toma de decisiones de la vida, somos como el funámbulo que se balancea en la cuerda floja, requerimos una larga vara que equilibre nuestra inestabilidad neuropsicológica. Esa vara es la ciencia.

La ciencia sin teoría es taxonomía muerta. He allí el drama de la psicología y de la medicina académica del siglo XX.

La ciencia entró en una crisis de popularidad, al ignorar, la mayoría de la gente, los aportes profundos y significativos ocurridos en su metodología a partir de los grandes descubrimientos de los siglos XX y XXI.

Dios es una hermosa metáfora de la esperanza.

Creer o no creer es una actitud lejana al pensador científico. Este último rinde culto a las evidencias independientes, a los modelos y a las matemáticas.

Los rasgos de la naturaleza pueden ser verdaderos o falsos; mientras que las opiniones humanas son acertadas o desacertadas, de lo cual nos enteramos siempre a *posteriori*.

Con las leyes biológicas pasa exactamente igual que con las humanas; su desconocimiento no exime su cumplimiento.

Los números y el abecedario son las más grandes invenciones del ser humano, al sentar las bases del entendimiento y las posibilidades de acordar.

El que conoce de historia sabe predecir.

La Ciencia y la Tecnología "barren" la realidad para hacer perceptible y accesible lo que estaba oculto.

Hasta mediados del siglo pasado cuando decíamos "ciencia" era igual a "verdad". Ahora, cuando decimos "ciencia" queremos decir "curiosidad con criterio independiente" "búsqueda sistemática" …

El trabajo de la ciencia es construir modelos que nos permitan comprender y predecir lo que acontece. El trabajo de la Tecnología es convertir esos modelos en algo útil para la cotidianidad.

¿Para qué sirven las matemáticas? Para recoger, sistematizar y simplificar la confluencia de distintos saberes.

La medicina ultramoderna es un nuevo modelo médico a tono con los avances filosóficos, epistemológicos, metodológicos, científicos, artísticos y éticos de los siglos XX y XXI.

El fuego, electromagnetismo, pensamientos, fenómenos paranormales y espiritismo son pasos de materia a energía realizados por la naturaleza.

La Historia depende de la evolución de las historias.

Lo que dijo Einstein en esencia, en una sencillísima ecuación, es que: materia y energía son la misma cosa bajo estados diferentes.

La Historia cambia con las historias…

Con la filosofía, ética Transdisciplinaria Ultramoderna pretendemos superar dos grandes errores históricos del siglo XX:

1. Que cada uno se crea el ombligo de la vida

2. Creer que lo que cada uno vive es la vida.

La ciencia es un menú de lo existente, de la vida. El problema de muchos críticos es que confunden el menú con la comida.

La física de hoy es filosofía traducida a matemáticas.

Tecnología: ciencia y arte de producir dominio inteligente.

Arte es hacer sublime una actividad.

Una gran sorpresa de la etología del siglo XXI es que, aunque somos diferentes físicamente, entre delfines, monos y nosotros hay una enorme cercanía psicológica.

¿Qué es vivir a plenitud? Estar descubriendo y aprovechando nuevas oportunidades y posibilidades en la vida.

La ciencia es la dictadura feroz de patrones de lo que acaece.

¿Qué es común a todas las definiciones de Dios? La intencionalidad detrás de la creación.

El arte se ocupa de crear nuevas estéticas mientras la ciencia lo hace de descubrir creaciones que nos preceden.

La diferencia entre un verdadero científico y uno falso es que este último rechaza lo que no entiende; el primero ¡busca!

Cualquier fenómeno es la resultante de una interacción complejísima de sus variables. Y su percepción es la resultante de la interacción entre nosotros y esa resultante, por lo que ya no necesitamos el concepto de causalidad.

La Filosofía, la ciencia, las tradiciones ancestrales, la religión, etc., son metáforas de la vida.

Un buen científico es aquel que cree que sus creencias limitan fuertemente sus observaciones y vive atento a ello.

El asunto de la ciencia no son las convicciones, son las evidencias y las pruebas.

Funcionalmente hablando la doble hélice genómica es una espiral de desenvolvimiento continuo.

Los que sostienen aún el paradigma positivista suelen obviar que el pensamiento crítico (filosófico, científico, tecnológico, artístico, humanístico y ético) evoluciona...

Uno de los errores fundamentales de la mayoría de los "científicos" es que se casan con los paradigmas de las épocas y no flexibilizan sus percepciones. Por ello se los traga la historia.

En ciencia y filosofía sabemos llamar "subjetivo" al mundo virtual objetivo de cada uno. He allí la aparente paradoja, puesto que en realidad es un oxímoron.

En la ciencia hay artesanos y artistas. Los primeros repiten ensayos; los segundos revolucionan el mapa conceptual de lo creíble y de lo creído.

Los salmos son un buen ejemplo de cómo educar medularmente. Ha funcionado por siglos.

La lógica es simplemente un arreglo mental para que la vida nos quepa en nuestra comprensión de los hechos.

Un científico es un pitoniso que conoce consciente y matemáticamente cómo y por qué funcionan sus predicciones.

La ultramodernidad es un paradigma que acepta que todas las disciplinas exploramos exactamente lo mismo, solo que desde ángulos diferentes.

Analógico y digital son experiencias interactivas entre observador y observado mediadas por la luz.

La física es la madre de todo el conocimiento, y las matemáticas son el sistema para ordenarlo.

Lo constante son las estructuras no los hechos. Por ello, tanto Heráclito como Platón tuvieron razón.

La ciencia no es objetivamente real en sí misma, es un lenguaje que recoge sistemas de códigos de la naturaleza.

Hay ciencia cuando existe un modelo Teórico justificado matemática y empíricamente como demostraron Copérnico, Newton, Einstein, Lavoisier, Feyman, Mendeleyev, Mendel, Darwin, Pribam y muchos otros. Mientras, solo se trata de especulaciones maltrechas o de taxonomías vacuas como ocurre en la medicina y en la psicología moderna y postmoderna.

Hoy en día, brujos, magos, religiosos, políticos, humanistas, filósofos, científicos, tecnólogos, técnicos, nos sentamos a comer, degustar, compartir y celebrar la comida de la vida, en la misma mesa. Eso es la ultramodernidad...

La pregunta de las preguntas: ¿Qué relación hay entre...?

Freud y Jung se adentraron en la selva del Inconsciente (mente) sin ninguna brújula. Nuestro viaje será muy diferente, aunque tampoco 100% seguro.

Un científico es una persona que se casa con lo que acaece, no con sus especulaciones modelo de referencia. Y cuando los hechos lo desmienten corrige la teoría, no los hechos.

La vida simplemente acaece, como decía Wittgenstein; principio y fin son puntos arbitrarios de nuestra Per (PESA).

El concepto vida se extiende a toda instancia; por ejemplo, las estrellas nacen, crecen, se reproducen y mueren.

No existe el presente; existe el verbo presentar. (¿Presentear?).

Durante mucho tiempo, en la ciencia, confundimos lo material (lo que podemos ver y tocar) con las evidencias independientes, requisito indispensable para hablar con propiedad de lo que acaece.

Ontología y epistemología están íntimamente casadas, pues las esencias dependen de la evolución del conocer (p. ej. de la física newtoniana y la de partículas, a la de las supercuerdas.)

La ética de la ciencia: cuestionamiento permanente, discusión sin cortapisas y pruebas independientes del observador.

No venimos con el manual de operaciones bajo el brazo, al tigre no le produce remordimiento devorar al venado. Nosotros hemos de develar los secretos detrás de la estructura de la naturaleza y convivir para reformular sus ventajas y desventajas al servicio de la evolución humana y planetaria saludable y feliz.

Y el séptimo día Dios partió de vacaciones. Adán lo despidió en el aeropuerto y, a última hora, le gritó: "¿y el manual de operaciones?"; no alcanzó a oír la respuesta ya que el ruido de las turbinas, al despegar el avión, no le permitió entender lo que Dios contestó... desde entonces millones de personas lo andamos buscando sin éxito, así que decidimos construir uno; lo llamamos Ciencia.

La vida personal es como un juego de scrabble: el código genético pone las letras; la mente y el manejo del diccionario personal al jugador; las demás jugadas representan a las 3 dimensiones, o ambiente, en que nos movemos. El resultado de las interacciones entre ellos eres tú, la persona...

Cuando se descuida el ser humano, la naturaleza sigue su propio plan.

Dios es la hipótesis con más versiones diferentes jamás concebida.

La especulación, la práctica ciega, la magia, la brujería, el empirismo y la charlatanería se transmutan en filosofía, ética, ciencia, tecnología, técnica y palabra seria, cuando el que realiza el acto conoce conscientemente qué es lo que hace, cómo específicamente lo hace, por qué y para qué lo lleva a cabo; reconociendo los límites del saber y abriendo nuevas opciones.

La ciencia es la búsqueda constante de un modelo que explique y nos permita dominar la vida como un todo, a sabiendas de que (por ahora) luzca imposible.

El estudio de las especies de árboles nos alejó del estudio del bosque; la ultramodernidad es la integración de ambos enfoques.

Las causas, dentro de la ultramodernidad, se encuentran en la estructura y en las funciones de los sistemas involucrados.

En ciencia sin teoría no llegamos a ninguna parte.

El gran salto del siglo XXI es la asunción de la complejidad y el sistemismo como formas de análisis y toma de decisiones.

A la visión y metodología transcompleja le corresponde superar la idea de poca seriedad desde lo sistémico-holístico.

La ciencia es una convención social acerca de lo existente. Es una guía para el camino, no es el camino.

Las filosofías, morales y éticas occidentales han estado perdidas por muchos siglos. La visión holística y transdisciplinaria de la ultramodernidad abre una puerta de esperanza.

¿Qué es la transdisciplinariedad? Descubrir que el vendedor es un profesor, que éste es un publicista, que el ingeniero es un médico social y el científico un artista y así sucesivamente; y que todos y cada uno de nosotros tiene una responsabilidad ética con el conjunto VIDA...

Estamos viviendo un momento estelar del conocimiento, podemos llamarlo ultraneorrenacimiento donde se cruzan los distintos saberes para producir un salto cuántico en el estilo y en la calidad de vida de cada uno de nosotros.

Crear categorías es útil para hablar y dominar patrones de movimientos de lo existente.

Confundir los valores morales con la arbitrariedad del signo es y ha sido una de las limitaciones más severas de los últimos tiempos.

La historia es un relato delincuencial; robos que el pensamiento científico le hace al pensamiento mágico.

La transdisciplinariedad permite prolongar la visión científica más allá de lo local, hacia lo holístico.

El filósofo es un constructor de preguntas, el científico un buscador de respuestas y el tecnólogo un fabricante de soluciones.

La gran contribución del sistemismo y de la complejidad es que lo interaccional es el alimento básico de lo atómico.

La silla es verde de día y negra de noche gracias a su interacción con mis ojos, mediados por la luz.

Los criterios últimos de verdad y realidad son viscerales.

En la ultramodernidad ponemos la mirada científica también sobre la singularidad humana del acto de vivir.

El pensamiento sistémico nos permite dar grandes saltos lógicos y superar aparentes contradicciones y paradojas a granel.

La ciencia es el arte de hacer excelentes preguntas y encontrar maravillosas respuestas acerca de la vida como tal.

La filosofía degusta el conocimiento.

No hay nada más subjetivo que la objetividad ni nada más objetivo que la subjetividad.

La música es el verdadero lenguaje natural.

La desmesura humana me impide agradecer poder leer y escribir de noche sin encender una vela.

La naturaleza cometió el error de proveernos de inteligencia antes de madurar afectivamente.

Mientras nos encontrábamos bajo el paradigma cartesiano no reflexionábamos acerca de que cuerpo, mente y espíritu tratan de un mismo fenómeno en continua interacción-transformación con el medio que nos rodea.

Política y Sociales

Cuando en unas elecciones ningún partido obtiene el consenso, eso significa que el pueblo dijo: "pónganse de acuerdo ¡carajo!".

El licor (y las drogas) exaltan el espíritu afectivo, búsqueda eterna del animal humano.

El intento marxista se muerde la cola; termina convertido en capitalismo salvaje, al ignorar las reglas de los sistemas humanos en acción.

Si intentamos, en los grupos transdisciplinarios, iniciar por causas, cada uno sesgará según su disciplina. En cambio, si iniciamos por una meta sistémica espiralada se nos facilita el trabajo, ya que es quién puede identificar sus acciones específicas.

Para ser socialista real es requisito tener empatía, simpatía y misericordia. De lo contrario, solo obtenemos lo que hemos conocido hasta ahora.

¿Cuál es la importancia de la política? Que delegamos en otras personas la responsabilidad de velar por decisiones que nos afectan desde el conjunto humano.

El problema básico del socialismo es que tiene prerrequisitos biopsicosociales individuales de salud que aún no cumple el ser humano actual.

El niño nace sin "no" y es obligación de los padres establecerle los márgenes de libertad tolerables por la sociedad en que vive.

El Capitalista es un modelo social que no mira al otro complementario. El comunista es un modelo que mira al otro como a un enemigo.

Una sociedad se estructura a partir de una coordinación de acciones, no desde el egocentrismo; de allí la necesidad de acuerdos y consensos para impulsar grupos, organismos, países, etnias, etc.

No es sencillo morir. El programa de la naturaleza (códice natural) goza de cierta imposición: la fecundación, el respirar, el hambre y la sed, las urgencias sexuales y el placer sensual de los encuentros, nos obligan a seguir viviendo.

La anarquía, producto de rupturas del viejo pacto social, dura hasta que un nuevo grupo organizado asume las estructuras de poder.

La Mayoría de las personas vive como álbum de fotos, obviando los procesos entre ellos.

Fumar no es solamente un intento de suicidio extremadamente doloroso a mediano y largo plazo, también es un intento homicidio culposo en segundo grado, pues obliga a fumar a todo el que esté a tu alrededor (incluyendo las mascotas).

El motor del mundo social es la acción personal. Por eso, alguien ha de hacer lo que queremos que ocurra.

El problema mayor del fumador es que abandone la democracia para convertirse en un tirano que envenena a todo aquel que lo rodea. ¿O acaso ya perdiste el olfato? Centenares de partículas tóxicas y venenosas en el aire que te están obligado a absorber. Y lo más triste: en contra de los deseos del propio fumador, ya que es tirano esclavo de su vicio.

La democracia es un cuento chino para justificar la caída de los reyes.

La historia ha sido perversa con la humanidad pues siempre ha hablado de seres extraordinarios, dejando a la mayoría común abandonada a su suerte. Lo mismo hace ahora la publicidad, continuación natural de la historia haciendo a la expresión genética en la medida que interactuamos en las 4D.

Vivimos en la cultura del Sí y del No ¿qué pasaría si transitas el tal vez?

Antes se votaba por ideologías (creencias colectivas), ahora el voto es individual (es compatible conmigo).

En el mundo oriental la explicación está por ¡debajo de la vivencia!

Muchos psicópatas, descubrieron dos debilidades humanas: lo inevitable de la política y el poder inconmensurable de la publicidad.

Los cambios sociales van mucho más lentos que los personales y que los materiales. Es una razón de queja frecuente.

En política, cuando se enfrenta ideología y hechos, siempre vence la ideología. En ciencia cuando se enfrenta teoría y hechos, siempre vencen los hechos. Esa es la razón de mi elección profesional.

Un estado empresarial fue una locura histórica producto de la soberbia y de la ignorancia humana.

Desconfía del que no comete errores. Simplemente, está engañando (se).

En democracia, solo los gobernantes que atienden a los reclamos de la oposición son capaces de un buen gobierno.

Lo sentimos por los políticos acostumbrados a querer imponerse; los intentos por crear desde el estado una sociedad socialista, han fracasado rotundamente. Le corresponde a la sociedad civil en conjunto, tal decisión, la que requiere un ajuste moral y ético de envergadura.

Lo sentimos por los políticos acostumbrados a querer imponerse; el dinero es una unidad de medida consensuada para no pelear cada vez que usted vaya al mercado ¿tiene vigencia en la ultramodernidad?

La verdadera independencia (interdependencia) la lograremos cuando seamos una sola patria en todo el planeta.

Un gran problema en América Latina es que vemos los gobiernos como poderes y no como consejerías.

Reconocer "lo espiritual" tiene que ser, diferente de volver al elan vital.

Gran parte del problema social actual es que es más fácil y reconocido hacer dinero en forma deshonesta que honesta.

El problema básico de los políticos es que manejan solo mirando por el retrovisor; y el pueblo los sigue ciegamente.

El marxismo es un excelente procedimiento para retrasar la realidad social, pero pésimo para intentar soluciones.

Con el término "populismo" descalificamos sentimientos nobles que pueden sentar bases de un mundo feliz.

Las raíces de las diferentes tendencias espirituales son: respiración, alimentación, movimiento, reposo, gestión emocional, guía del pensamiento, y vínculos.

Hay suficiente evidencia histórica como para no confiar en ideologías sin una regulación empírica independiente y segura.

Lo que Stalin y Hitler dejaron al mundo civilizado como enseñanza mayor es que no podemos confiar ciegamente en los líderes, sino que hemos de vigilar constantemente sus pasos y desempeños.

La buena educación es la cédula de identidad del mundo civilizado.

Los psicópatas penetraron el arte del liderazgo, hay que estar alertas.

En todo encuentro humano se establece una lucha por el liderazgo.

Cuando dicho encuentro es entre pares afectivos, lo llamamos amistad.

Las grandes masas responden al llamado de los corazones, no de las razones.

La amistad es un encuentro humano donde no se lucha por el liderazgo, se "acordia".

Mientras no equiparemos honestidad y legalidad habrá caos social.

Tanto socialistas como capitalistas somos seres humanos. He allí el problema mayor.

El desenvolvimiento patológico del mundo actual revela cuán frágil es el ser humano frente a las creencias adquiridas socialmente.

Cosa grave: la ignorancia de la ignorancia.

Salud, *coaching*, terapia y medicina

El primer acto nutritivo es la confirmación como ser al nacer.

La medicina más potente es la adecuada relación médico paciente. Punto de partida y base estructural de cualquier acto médico.

"Le ofrecemos a la gente libertad, flexibilidad y simplicidad.".

El cambio es difícil para quien intenta hacerlo desde una sola variable de la complejidad mental. Es fácil para quien coordina sistémicamente sus recursos afectivos, cognitivos y operativos.

El rol principal de ser padres en los 5 primeros meses del bebé, es ayudarlo a calmar el volcán anárquico de emociones que dispara. A partir de allí, orientarlas en sentido saludable.

Estrés físico: tensión entre el código biológico y el ambiente.

La acción de decidir es un acto afectivo, no cognitivo solamente.

Es un craso error centrarnos en nosotros mismos ya que, incluso, perdemos de vista los insumos que nos mantienen como "quién soy".

Un solo enfoque y múltiples posibilidades de acción.

La fuerza o energía es la clave de todo porque es el movimiento que organiza los procesos.

El aprendizaje afectivo responde a una lógica de contacto; anclamos lo que ostensible, icónica o metafóricamente entre en conexión con la respuesta corporal emocional del momento dado.

Compulsión y Motivación comparten el mismo proceso psíquico. La diferencia es que la primera la rechazamos y la segunda nos atrae.

La meditación permite conectar los sentimientos profundos inconscientes con el pensamiento, recuerdos, creencias que orientan nuestras decisiones (A).

El cáncer, la esquizofrenia y la anomia social comparten el "desconocimiento "del factor o elemento vecino.

El rostro es la fuente más rica de información acerca de cómo nos conducimos por la vida.

Por ello, todo coach terapeuta o servidor humano debe dominar los secretos universales y particulares de tal condición humana.

Si no hay estabilidad no hay predicción, si no hay predicción no hay sobrevivencia...

La misión de la medicina ultramoderna es jalar a los consultantes desde el estado actual hacia uno de mayor bienestar y salud integral.

Reforzar una conducta no es otra cosa que incorporar Emociones al proceso de aprendizaje que está ocurriendo...

El código genético es el abecedario a partir del cual armamos nuestro discurso vital.

Si usted tiene ladrillos y no tiene cemento, es muy poco lo que puede hacer. Si usted tiene cemento y no tiene ladrillos, es muy poco lo que puede hacer. Si usted tiene cemento y ladrillos es mucho lo que puede hacer.

El cuerpo mediante su metabolismo y la actividad motora voluntaria e involuntaria acompaña, permanentemente, los procesos cerebrales-mentales, tanto conscientes como inconscientes. Por lo tanto, las expresiones corporales cumplen una doble función: 1) Para advertirnos de "por dónde" andamos y 2) para crear *feedback* transformadores.

Bajar de peso es como hacer el amor; despacio y con calma es mucho mejor, más saludable y agradable.

La obsesión es como la "perrunidad"; obediencia excesiva que se ha venido aprendiendo.

La enfermedad es un *selfie* tardío de una autopelícula envenenada.

Que tus más nobles sentimientos guíen tus emociones; que tus emociones encaucen tus pensamientos hacia acciones pertinentes y congruentes con tus sentimientos; en congruencia con la vida externa que te rodea.

"Los pensamientos son conceptos y relaciones acerca de... (algo, alguien)".

Toda definición tiene intención, intensión y límites.

¿Cuántas veces te molestaste la semana pasada? Mientras más ocurrió, más probabilidades hay de que ocurra la semana entrante.

El ahorro de energía está detrás de la creación de patrones en las estructuras dinámicas complejas.

El *coach* no trabaja con problemas. Trabaja con equivocaciones o desviaciones iluminadoras del camino hacia los objetivos; las cuales son maravillosas oportunidades de aprendizajes para subir en la escala del dominio de lo que realizamos cotidianamente.

Confundir emociones y sentimientos como guías del bien vivir es un error muy caro; domina la emocionalidad y la descontextualización.

Que sean los sentimientos cultivados por la acción contextualizada 3D la mejor guía de tu vida.

Los pensamientos se enriquecen, las emociones se gerencian, los sentimientos se cultivan-cosechan y las acciones se planifican, ejecutan, chequean y dirigen en sentido S.E.P.A. congruente con las 3D.

Si alguien me dice "estoy de mal humor"; inmediatamente le pregunto: ¿y cuántos pasos y tiempo crees tú que te tomara regresar / ingresar al buen humor? Es un ejemplo de "revectorización" de la vida.

El mayor sufrimiento humano proviene del no reconocimiento de la vulnerabilidad asumida dignamente para proceder con resiliencia.

No importa cuánta agua le caiga del cielo. Si no dispone de diques y la administra sabiamente, de poco le servirá. Incluso puede llegar a causarle daños.

La medicina de la ultramodernidad se distingue por la comunión íntima del humanismo, la tecnología, la genómica y las neurociencias al servicio de cada individuo en particular.

Las llamadas redes de apoyo a la infancia, en realidad son redes de formación y desarrollo.

Carl Jung abrió la puerta de la conexión mente-espíritu casi cien años antes de que la metodología científica supiese cómo hacerlo.

Las representaciones mentales son metafóricas para el mundo material, y literales para el mundo interior.

¿Qué hace a una herramienta mejor que otra? El dominio que ud tenga de la que mejor conoce.

Después de que hemos instalado creencias, modificarlas es un acto excepcional, no rutinario.

Desarrollo y crecimiento personal, psicología, comunicación y educación

Con el tiempo y con las experiencias he aprendido a fundamentar mis opiniones en sospechas, no en creencias.

El respeto no se pide, se gana.

El animal confía en su aprendizaje (S), el humano cree (SEP) en lo que vive (A).

La gran limitante humana es la urgente necesidad de creer sólidamente en algo.

Cualquier asunto o tema que abordemos es tan solo un subsistema del sistema VIVIR.

El instinto son los códigos PESA prediseñados desde la evolución de las especies. La intuición son aquellos códigos de comportamiento almacenados de modo inconsciente en nuestra mente.

La epigenética se manifiesta toda la vida, incluso sobre los aprendizajes infantiles. La vida es un continuum en evolución; nunca es tarde para tener una infancia feliz.

Nacemos en modo pendular. La educación es la que nos va dando márgenes de libre albedrío.

Somos el animal más multifuncional sobre el planeta. Eso me permite pensar, actuar como conductor cuando camino y como peatón cuando conduzco, así evito accidentes.

Sostenemos que la mejor manera de vivir a plenitud es asumir la metodología científica como criterio mayor para la cotidianidad.

La transdisciplinariedad implica un salto lógico desde los elementos de un sistema a las interacciones intra, inter y trans entre ellos, asumiendo las propiedades emergentes que van surgiendo.

Todo está conectado y todo se devuelve transformado para evolucionar permanentemente.

Nacemos en blanco y negro; la infancia nos provee matices de grises; en la adolescencia aparecen los colores primarios y si somos flexibles tendremos una adultez con una inmensa gama de colores, así como una vejez en infrarrojo y ultravioleta.

Creencia y vivencia matan información consciente.

La nueva era se parece más a la edad media que al siglo XXI.

Pobreza significa carencia de recursos; por lo tanto, todo ser humano nace pobre, aunque con distintas potencialidades.

Libertad: repertorio de opciones de hábitos cultivadas a lo largo de la vida.

El bastón le sirve al ciego para no caer en el hueco. La tecnociencia es el bastón del ser humano para no caer en el hueco de la ingenuidad.

Creencias, valores, criterios y estilos explicativos son claves en el diseño humano.

¿Cómo reconocer a un pendejo? ignora las leyes de la vida, porque al preguntarle sobre un comportamiento responde: "yo soy así".

La persona-personalidad es única, individual, irrepetible e intransferible.

Hasta los años 50 del siglo pasado el lema de la cultura norteamericana era: "gana dinero con lo que haces bien" A partir de los 60 "bien" fue desapareciendo gradual y aceleradamente.

La mente colectiva es algo más que la suma de las mentes individuales, tiene propiedades diferentes.

Una de las limitaciones básicas es confundir universales, clases y elementos.

Creamos hábitos de lo que nos sale bien no de lo que creemos que está bien (metas).

¿De qué se sorprenden los cuánticos? ¿Acaso nunca miraron el cielo? Imposible predecir qué hará esa nube.

Se me escapa la diferencia entre autoestima y ego ¿alguien puede ayudarme a encontrarla si es que la hay?

La Tecnología se ha ido delante de nuestra capacidad de comprensión, por lo que debemos actualizarnos para no quedar emocionalmente angustiados frente al ritmo de la vida.

Cuando establecemos límites entre ciencia, tecnología, humanidades, artes, etc., interrumpimos el curso normal y natural de la vida. ¡No sirve!

¿Cuál es la importancia de entender? Que puedes desarrollar modelos de acción mucho más eficientes y eficaces en pos de lo que buscamos.

Hoy en día hay tutoriales para todo: maquillarse, ejercitarse, adelgazar, etc. Sin embargo, ¿Cuántos seguimos tutoriales para conducir el vehículo más complejo: el cerebro?

El paradigma ultramodernidad nos abre las puertas de la complementariedad de saberes…

La ciencia ultramoderna no busca la verdad, crea modelos de comprensión y acción acerca de la existente. Es decir, opera como una brújula y mapas de la que vamos viviendo.

Complementar en lugar de "sustituir" u "oponer" es otro de los grandes verbos de la ultramodernidad.

Los propósitos en la vida los co-construimos en la relación cibernética 4D.

Nuestra memoria animal es realmente prodigiosa: si no olvidáramos algo, sería imposible recordar nada.

La mayoría de las personas suele quejarse de cómo el entorno les limita sus ambiciones. A pesar de ello, son muy pocos los que lo incorporan en su planificación vital.

Cuando perseguimos un objetivo específico no solo impactamos en esa dirección, sino que afectamos el sistema como un todo. De allí la conveniencia de pensar transcomplejamente.

Primitivo o salvaje es aquel que cree que él es el centro del universo, que sus SEPA, son los mejores, que ellos tienen prioridad existencial. Civilizado o educado es el que reconoce pertenecer a un tejido eco humano complejo y asume las responsabilidades, deberes y derechos inherentes a tal condición. Esa es la distinción básica, lo demás es añadidura.

En el milenio XXI hemos encontrado la receta de la felicidad humana. Ahora se trata de conocerla, dominarla y ponerla en práctica en un continuum transformativo.

El significado de las palabras es dependiente del contexto y del nivel de organización del lenguaje.

El pensamiento y el conocimiento forman un tejido indisoluble con la materia. Nuestra tarea es describir y utilizar las propiedades de tal tejido.

Poner en manos ajenas las decisiones que nos corresponden, es una vía segura al fracaso.

La mayor lección que Hitler y Stalin dejaron al mundo civilizado es que no puedes confiar ciegamente en los líderes, sino que has de vigilar constantemente sus pasos.

El proceso salud-enfermedad en función es la base de cualquier decisión humana.

Uno de los riesgos de la vida es que el prefrontal puede haber sido un accidente fatal para el planeta.

Si pudiésemos pensar como Dios, por ejemplo, ver un millón de años en un minuto e imaginar el universo, en nuestra mano, nos daríamos cuenta de cómo todo está interconectado, formando un solo proceso; la vida late.

Parece que, en lugar de humanizar la Tierra, debemos terraficar al hombre.

La especulación y la observación libres son el punto de partida de nuevos descubrimientos e inventos de lo contrario caeríamos en el fundamentalismo.

¿Por qué nos llaman aburridos a los científicos aquellos que no lo son? Porque vivimos desbaratando sueños sin sustento y armando otros que sí los tienen; y esta última tarea es mucho más compleja y más larga, aunque divertidísima para nosotros.

Al final la menor partícula se confunde con el todo.

Cuando tratamos a los perros como personas, se comportan como tales. Evolución y filogenética.

No existen los límites en la vida; son invenciones humanas a partir de nuestras percepciones, emociones y creencias.

Las explicaciones, al igual que el papel, aguantan todo. Esa fue la razón por la que Aristóteles se inventó la lógica formal; pues cada filósofo argumentaba correctamente lo que se le ocurriese o antojaba (acerca de la historia del pensar).

Felicidad: estado afectivo durante el cual realizamos una auditoría existencial y tal auditoria muestra balance verde.

Con cierta frecuencia conviene realizar auditorías existenciales, con el fin de dirigir conscientemente nuestro vector vital (de qué y cómo me alejo; hacia qué y cómo me acerco).

El principal alimento de la autoestima es la heteroestima al próximo y éste terminará amándote a ti. Fue la estrategia fundamental de Jesús de Nazaret para convertirse en el hombre que partió en dos la era humana.

Como es afuera es adentro.

Cuando hablo del presente-presente me refiero a los subsistemas Per (PESA)=3D donde estoy sumergido por ahora. Su duración, por lo tanto, depende de cuanta realimentación SEPA yo le brinde. Me interesa el pensamiento de Dios, lo demás son detalles.

Los cinco grandes y mejores medicamentos de la vida: amor, comida, actividades, sueño y risa.

Los niños antes de descubrir el espacio creen en lo mágico. El descubrimiento del espacio independiente de él es lo que le permite superar tales mitos.

¿Quién realmente soy? La sumatoria de combinaciones que sucesivamente voy armando en el devenir de mis experiencias. Es decir, un procesador matemático de mí Per (PESA) en 4 D.

En lugar de sustituir unos paradigmas por otros, contextualicémoslos e integrémoslos en una teoría del todo.

Si no hay críticas ni anomalías no hay progreso científico.

La ignorancia, la ingenuidad y la mala intención son los enemigos jurados del progreso. El conocimiento flexible, la curiosidad sistemática y la buena intención sus mejores amigos.

En la historia dónde más nos hemos equivocado es en la interpretación ligera y aislada de los acontecimientos; por ello, la ciencia transita el camino del modelado complejo con pruebas independientes...

Los objetos son estados de los procesos.

En la dimensión personal hay dos grandes tipos de problemas; emociones enquistadas y creencias limitantes.

Nuestro cerebro al construir la mente, no se restringe al cuerpo. Va mucho más allá, nos permite disfrutar y sufrir todo un universo interior.

Es una ilusión del cerebro que somos por nosotros mismos. Pertenecemos a un conglomerado y hemos de realizar acciones de nivel superior a la simple individualidad.

Al cerebro hay que darle oficio; de lo contrario, irá donde sea; casi nunca hacia donde queremos.

La mente construye miles de pensamientos al día, seleccionar los adecuados para vivir a plenitud es el acto de sabiduría por excelencia.

El cerebro humano es un procesador matemático multifuncional.

El cerebro no deforma la realidad, la conforma en una nueva dimensión; lo mental individual, la que se presta para crear en la interacción una tercera y cuarta dimensión; social y espiritual.

El cerebro no distingue bueno de malo, justo de injusto; lo que le damos es lo que toma.

La coordinación y el equilibrio entre los códigos genéticos, mentales y ambientales (física, social y espiritual) es lo que nos hace persona. Por ello, es vital cuidarlos y utilizarlos con ética.

La grandeza, y también la pobreza, de los aportes de E. Morin es que los miles de páginas de los seis tomos del "Método" caben en una ecuación de 2 líneas.

La realidad cambia según el nivel de observación y la dimensión analizada.

La posmodernidad, con su ombliguismo y torre de Babel a cuestas, destruyó las instituciones que están diseñadas para, en conjunto, llevar a cabo lo que no podemos hacer solos.

Entre la torre de Babel informativa y el ombliguismo personal nos llevaron a este espantoso comienzo de milenio, bajo la batuta de la postmodernidad.

Todo avance del humano ha sido diseñado desde el presente-futuro. No hay otra forma.

Al niño hay que proyectarle su desarrollo para motivación. "A tal edad, harás..." y celebrar con anticipación.

Estar dormido es estar atento a lo que ocurre DENTRO DE MÍ. Estar despierto es estar atento a lo que ocurre FUERA DE MÍ y a cómo impacta mí adentro.

Para el ascenso humano es indispensable que superemos la torre de Babel contemporánea y entremos en la complejidad ultramoderna de la integración restauradora humana.

Cuando recuerdas, versionas; por lo tanto, siempre puedes cambiar el pasado.

El próximo salto en la evolución humana: sumarle a la estética la ética o SEPA vivir a plenitud en 4D.

Hay tres grandes errores de razonamiento que nos permiten entender la altísima frecuencia con que nos equivocamos los humanos:

1. Confusión de mundos (4D).
2. Confusión de niveles (organizados).
3. Divorcio de las percepciones.

Acerca de los orígenes no existe principio ni fin. Son arbitrariedades humanas.

La metodología científica es la mejor forma para vivir a plenitud.

En la realidad virtual individual cada uno de nosotros es un dramaturgo que crea su personalísima opera prima a partir del contexto donde se ha desenvuelto.

Lo que genera prosperidad o pobreza son las decisiones humanas.

¿Qué es un psicoanalista? Una persona que llega a nuestra infancia, en una segunda oportunidad, para ayudarnos a corregir los errores que nuestros padres y nosotros cometimos en la formación ciudadana.

El mayor logro humano es el proceso civilizatorio. Desafortunadamente debe internalizarse en cada persona para convertirse en ciudadanía.

La sabiduría de la naturaleza casi nunca ha ido de la mano con la sabiduría humana.

Confundir el acto de categorizar con el mundo ha sido uno de los peores errores de la lógica formal.

Confundir la felicidad es como una bebida instantánea que se sirve caliente o fría, dependiendo del clima.

"Soy psicoanalista", "yo conductista", "práctico Gestalt" otro: EMDR, PNL... Les digo: ustedes sacan fotos de aspectos vividos del ser humano. En NEUROCODEX elaboramos la película 4D de la experiencia de vivir de la persona.

La felicidad no es algo que tomamos, es una práctica que ejecutamos en el espacio-tiempo.

¿Cuál es la diferencia entre un mago, (un brujo) y un científico? El mago te dice y muestra algo y hace otra cosa; el científico describe el mecanismo de lo que ocurre. El brujo hace algo e ignora cómo lo hace.

Como es afuera, será adentro, aunque transformado.

El cuerpo es una maravilla, toma lo que le demos: nutrientes, tóxicos y/o venenos.

Lo más interesante de la energía es que es un mundo tan organizado como el material.

La gran ventaja y tragedia de la vida es que todo se devuelve transformado: energía, materia, percepciones, decisiones, palabras...

La vida es un gran viaje. El destino depende de dónde te detengas. Asúmelo.

Los seres humanos nos alimentamos de mitos. ¿Y qué es un mito? Una afirmación asumida como verdadera que cala socialmente y tiende a perdurar en el tiempo, hasta que algún(os) innovador(es) lo desbarata(n).

Un intelectual es una persona aburrida (para los demás) que inicia sus conversaciones con "a ustedes no les parece que..." y lanzas ideas en las que los demás no habían pensado.

Pensar, es decir, generar ideas creadoras, es el distintivo mayor de nuestra condición humana.

Entender, dominar y aplicar son las tres pretensiones humanas más valiosas que poseemos.

El efecto dominó sobre nuestras percepciones es el agente causal de nuestros hábitos. ¿Cómo tienes organizada la secuencia de ellos? o ¿Cómo puedes reorganizarla si te interesa y conviene? He allí las dos preguntas claves para el cambio personal hacia el mejoramiento continuo.

¿A qué llamamos suerte? A la parte del juego que no conocemos y/o que está fuera de nuestro alcance. Ignorancia pura, pues.

Las cosas ocurren cuando detrás hay gente dispuesta a hacerlo o a morir en el intento.

En un momento del desarrollo infantil nos tapamos los ojos para escondernos de otros. Algunos adultos continúan haciéndolo.

En el vivir a plenitud es indispensable la estrategia AmPaDiCo: Amor; Paciencia; Disciplina y Compromiso.

¿Cuál es la intención última de la ultramodernidad?: Rescatar la esencia humana a partir de la confluencia de saberes...

JAM: Filosofía y humanismo.

LAM: Ciencia, arte y tecnología.

Concebimos la ultramodernidad (JAM-LAM) como la continuación natural de la complejidad casada con la simplicidad, para modelar paradigmas y pragmáticas que nos conduzcan a una evolución saludable, feliz y constructiva de la especie.

No siempre más fácil significa mejor.

Los cambios en la weltanschauung y la zeitgeist de los siglos XX y XXI nos obligan a sentir, pensar, actuar, hablar y escribir en forma totalmente novedosa. Esa es la ultramodernidad.

Si algo es grandioso en el ser humano, es la capacidad para cambiar de decisión.

En un mundo de dictadura estética proponemos una democracia ética.

Lo que en esencia Freud dijo en miles de páginas es que espontáneamente no somos los dueños de nuestros actos.

Aprender es crear patrones y rutinas. Por ello, es tan sencillo predecir el comportamiento de alguien conocido.

La razón es el acoplamiento de nuestras percepciones y nuestros pensamientos a lo que acaece.

Los mejores amigos son los que vendrán, si perfeccionamos la calidad de relacionarnos.

Quien no reconoce errores, no puede ser exitoso.

Educar a un niño es una empresa como la del proceso de obtener un buen Whisky: toma 18 años.

Si quieres descubrir los secretos del universo, piensa en términos de energía, frecuencia y vibración. Nicola Tesla.

"La excelencia no es un acto, es un hábito" (Aristóteles dixit).

Los temas son realmente subtemas del vivir.

La solidaridad es amor en acción; conductas que inducen el bienestar y la felicidad de lo amado.

El gran salto de la humanidad ocurre cuando pasamos de la satisfacción de los impulsos a la realización de nuestros sueños.

La historia en 140 caracteres y la vida en un selfie muestra el fracaso rotundo de la postmodernidad.

Los "grandes" motivadores dicen: "cuenta la primera impresión". ¡Qué barbaridad! La apariencia, no la esencia...

Avanzamos en forma espiralada; por ello sabemos encontrarnos con gatilladores de conductas ya operadas amenazantes.

El artista del siglo XXI está más cerca de las ferreterías, constructoras y carpinterías que de las viejas tiendas de arte.

El salto más grande en el conocimiento, hasta ahora, es el descubrimiento de que la partícula mínima indivisible e indestructible no es materia sino vibración.

Sabemos vivir en "modo plegado" nuestra Per PESA. Aprender y dominar el "modo expandido" es un buen inicio para el bien vivir.

La distracción humana. ¿Cuántos siglos hubo de pasar para que un personaje como Charles Darwin dijese que las categorías firmes donde recogemos las experiencias, en realidad, están profundamente interconectadas? Nadie notó esa maravillosa mezcla de pez y humano que configura el delfín.

Nuestra persona es como un auto; si no coordinamos adecuadamente el sistema eléctrico (energía vital), con el motor, (memoria, afecto e inteligencia), con la conducción (atención consciente) y las llantas (cuerpo físico), con las señalizaciones de la vía (mundo social, material, y espiritual), seguramente no llegarás a donde deseas y necesitas ir.

Optimismo y pesimismo no son ni ciertos ni falsos. Son Simplemente marcos de probabilidades. Nosotros elegimos.

Tanto el optimismo como el pesimismo son útiles en la vida. El primero ofrece energía para hacer, el segundo previsión.

Evolución, *big-bang*, animales, humanos, tecnología, religión… son solo términos para referirnos al tamaño de nuestras percepciones acerca de la vida.

Todo lo recibido se transforma.

Muchos dicen: "echa raíces"; Veo hacia bajo y miro pies, luego manos y en el espejo una frente; estoy diseñado para moverme y transformar el mundo con pensamiento, moral y ética.

Asumir la responsabilidad y el compromiso que genera el reconocimiento como seres de Transformación será el próximo paso evolutivo de la vida.

La historia es simplemente la documentación de los errores y aciertos de nuestra evolución.

Todo lo que nace hay que engendrarlo.

La resistencia no es otra cosa que la operacionalización de los paradigmas predominantes en la persona.

¡No tengo raíces, tengo pies!

En las ciencias del campo humano, el peor error es querer forzar el que los hechos casen con los métodos y no a la inversa.

La diferencia entre un hobby y un trabajo es que el primero lo practicas cuando así lo deseas, el segundo requiere disciplina, paciencia y esfuerzo sistemático.

Si no estás constantemente chequeando los datos de las 3D te perderás en la maraña del mundo interno.

La ingenuidad, su hermana la ignorancia y sus primas la soberbia y la prepotencia son formas fundamentales para perdernos en la vida.

Históricamente hemos cometido dos errores fundamentales para el ascenso humano; cocinar los alimentos y decirles a nuestros hijos que son el centro del universo.

Uno de los problemas básicos del ser humano es la rapidez para interpretar lo que acontece.

Los hábitos del nivel cuántico rigen para el mundo individual y espiritual; no para el material y el social.

La TGS permite un salto cualicuantitativo lógico de enormes proporciones en la comprensión y dominio de la vida.

La voluntad es un acto involuntario (inconsciente).

¿Qué es vivir conscientemente? Hacerlo organizadamente con nuestra Per (PESA) congruente y contextualizadamente.

Parte de lo interesante humano es que hasta para divertirse hay que entrenarse.

Llamamos a las cosas según el tamaño del enfoque "zoom" que usamos en el momento y contexto estudiado.

No creas, investiga y saca conclusiones; sabiendo que éstas son parciales y provisorias.

Las palabras son como las familias: acuerdan, desacuerdan, me sacian y sus articulaciones determinan el grado de felicidad compartida.

La esposa del éxito se llama expectativa.

No hay pobres ni ricos; hay quien pobrea y quien riquea, la diferencia la establece el saber cómo hacerlo.

Deja el mundo mejor que como lo encontraste.

Nuestra mente es una interfaz: conecta el exterior con nuestro cuerpo. Podemos afirmar "como es afuera, es adentro", vector que nos posibilita vivir en 4D.

La falla lleva al descubrimiento.

La clave del descubrimiento está en ajustar el "zoom perceptivo" al tamaño y momento de lo que deseamos aprehender y luego encajarlo en el contexto holístico des saber.

Las creencias son Pensamientos definidos encementados con el sentido de seguridad y de verdad.

¿De qué debemos cuidarnos los creadores? De la soberbia de sabernos humildes.

La vida es tan compleja que hay un oficio llamado "Cortador Textil" y, sin embargo, hay quienes dicen: no voy al psicólogo o al psiquiatra...

El cerebro aprende con base a lo que ocurre, no a lo que mal cree que ocurre.

Las especies que no pudieron contribuir al equilibrio ecológico, se extinguieron. ¿Nos extinguiremos o aprenderemos a actuar más inteligentemente?

La creatividad no es un Talento innato, es una metodología.

Si convertimos el XXI en el siglo de la primacía de los sentimientos y de la realidad neurosocial, lograremos el ansiado mundo vivible en armonía.

Lo que necesitamos en la ciencia es refinar nuestros métodos para entrar bien apertrechados en las dimensiones, retos actuales: lo espiritual y lo individual-social.

El acto de mayor ingenuidad es creer que lo que uno ha vivido es la vida. Y la ingenuidad es la forma más segura de andar dando tumbos por ella.

¿Qué soy "yo"? Un punto de intercesión en un tejido llamado vida.

Todo profesional de la salud, ya sea médico, psicólogo, terapeuta, terapista, debe formarse como *coach* o estratega comunicacional; ya que estos oficios proveen métodos y herramientas muy eficaces para la relación humana. Y cualquier acto terapéutico es un caso de comunicación humana, que no debe ser distorsionado, pues en ese caso, pasa a ser iatrogenia.

La mente no es confiable. Somos seres profundamente vulnerables. De allí, el cuidarnos permanentemente.

La vida siempre es autorreferente. Por ello, la educación es la clave para enriquecer nuestros mapas de lo que acaece.

Educación: proceso de amplificación de los mapas mentales de conocimiento, comprensión y adquisición de herramientas acerca y para la vida (el bien vivir).

Un sueño está conformado por microsueños que implican un enfoque sistémico para poder ejercerse con integridad. Al igual que un automóvil no es un cúmulo de componentes sueltos, requerimos armar, articular nuestros microsueños en un propósito mayor para que tenga consistencia.

Ya no podemos vivir inocentemente.

Inocencia: actitud de creer que lo que hemos vivido es la vida.

Vida consciente, plena y atenta: actitud de aprendizaje continuo, entre errores y correcciones, ante la vida, con el fin de fluir con ella en función de tal aprendizaje y dominio.

Dudar de todo o creérselo todo son dos soluciones igualmente cómodas que nos exigen de reflexión.

Henri Poincaré.

Todas las vidas son únicas, y cada una de ellas es difícil.

David Servan-Schreiber.

Las posibilidades se generan, las oportunidades se buscan.

En la medicina ultramoderna consideramos enfermedad a aquellos comportamientos que sabemos inciden en la aparición tardía de la vieja definición. Así, consideramos enfermedad: fumar, beber en exceso, pelearse con los seres queridos, carecer de una guía espiritual, ingerir predominantemente alimentos cocinados, ser indiferentes a las ecologías y al futuro (y un largo etcétera).

No se pierde el juicio, se pierde el conocimiento de cómo sobrevivir en el contexto particular en que nos encontramos.

La medicina, hasta ahora es una tienda por departamentos (Fuad Lechín dixit). Ya es momento de que pase a ser un servicio integrado.

No hay gente difícil, lo que hay es gente con otro foco de atención.

El pecado original es nacer solo y que nuestra mente esté en cada una de nosotros.

El "Yo" es la orquesta en plena ejecución.

Lo primero que percibimos de otro es su apariencia física. Lo lamentable del postmodernismo fue asumirlo como lo único válido.

Vivir en función de 140 caracteres es un evidente fracaso del postmodernismo.

Vivir inocentemente es creer que lo que has vivido es la vida.

Inocencia: actitud de creer que lo que hemos vivido es la vida.

El, yo es una interfaz entre el código genético (filogenética), el mundo interior (ontogenética) y lo externo a mi cuerpo (lo social, material y lo espiritual).

Mientras estemos vivos toda decisión es reversible.

Pensar genialmente es sustituir un viejo paradigma por otro más elegante y más útil.

Vivir es equivocarse y sanidad es corregir.

Soberbia, ignorancia, apofenia y limerencia; los cuatro grandes enemigos de la sabiduría y la mesura.

¿Qué tal si elaboras una constitución (deberes, derechos), leyes y reglamentos de tu propia vida? Será una guía interesante para tu porvenir.

Respeto: aceptar y comprender las diferencias PESA entre nosotros.

Amamos "cabeza fría" cuando predomina las E: Seguridad + Tranquilidad (serenidad) = Ecuanimidad. (Ecuación compleja). Permite pensamientos lúcidos y contextualizados. (Dominio prefrontal dorsolateral).

Entendemos el pensamiento complejo como la evolución natural del Sistemismo; el cual, a su vez, recoge la esencia e historia de los enfoques con los cuales observamos y entendemos la vida.

De la misma manera como surgieron los miedos como respuesta a la necesidad de alejarse-acercarse según los riesgos, el pensamiento lógico surgió externo, como respuesta adaptativa y transformadora del medio físico en el ser humano.

Donde está la atención, está la PESA.

Llamamos "espontáneo" a lo inconsciente.

En una primera etapa la educación es inhibición de impulsos filogenéticos descontextualizados para dar paso a la incorporación de nuevos conocimientos, competencias y destrezas conscientemente planificados.

¿Y si yo soy lo más importante de la vida, quién eres tú? ¿Y él? ¿No les parece que hay que indagar más?

Las creencias no son ni verdaderas ni falsas, son simplemente opiniones, compartidas o no por ciertos grupos, acompañadas de un sentimiento de certeza que nos convence y tranquiliza...

¿Qué nos brinda el aprendizaje? Opciones de decisión; es decir, libertad.

En cada palabra hay una P.E.S.A., y una oportunidad de entrenarnos para el bien vivir.

Somos seres de intercambio. "Yo" es la expresión de un estado momentáneo de consciencia.

Un quiebre es ese momento en el curso de la vida en que aparece un remolino en ella.

Las emociones son el motor de arranque de las decisiones. Por ello, sus intervenciones deben ser solo de segundos…o de lo contrario, nos perjudicamos.

Viva en modo Per(S.E.P.A.): Perciba, sueñe con sus Sentimientos, arranque con sus Emociones, planifique con sus Pensamientos y ejecute y chequee las decisiones con sus Acciones. Conocerá el bien vivir.

La soberbia y la prepotencia son caldo de cultivo de la ignorancia culta. La humildad y la observación con paréntesis lo son de la auténtica sabiduría.

La resolución de problemas pasa por el reconocimiento claro y preciso del sector que a uno le corresponde y cómo interacciona con el resto de los involucrados en la solución.

Hay quienes asumen la vida como una cuerda floja, otros como una enorme llanura.

Todo se devuelve transformado.

La vida tiene la misma estructura que un juego de futbol: la pelota nunca se detiene, la movemos entre todos y el gol marca la diferencia que hace diferencias. Preguntas útiles: ¿qué es un gol para ti? ¿Qué posición juegas? ¿Cómo y cuándo te entrenas?

El cerebro es un lector de códigos.

Planificar es observar desde nuestro mundo interior.

Las emociones son tan importantes porque son el mecanismo básico para que el organismo reaccione frente a los nutrientes, tóxicos y venenos; alejándonos o acercándonos según vamos aprendiendo.

La identidad implica la confirmación y aceptación por otros.

La confirmación, el "tú existes para mí", origen del apego, es nuestro instinto básico.

Difícil es pescar zancudos con anzuelo.

Tendemos a asumir nuestra experiencia como la realidad universal.

El misterio, la indiferencia, la violencia y el escándalo son los factores más dañinos en el desarrollo de la humanidad.

Asertividad: capacidad para responder ecológicamente en cada contexto vivido.

La gran clave de la educación es que el aprendizaje ocurre en combo: percepciones, conocimientos, emociones, sentimientos, destrezas y modos de relacionarse están presentes en cada acto humano.

El docente es un publicista-vendedor.

Optimismo: convicción de que los dados de la vida juegan a nuestro favor. Pesimismo: lo contrario.

¿Qué hacer con la información que manejamos? ¿Sufrir o disfrutar? ¿Destruir o construir?

Pasamos por tres etapas en nuestra formación: imitación, modelado y creación. En estado adulto, las tres se permutan maravillosamente.

Voluntad: capacidad de elegir entre las posibilidades con que contamos. Puede ser consciente o inconscientemente decidida.

Las computadoras son cerebros superobsesivos.

Creencia mata experiencia.

Vivimos en 4D: matergial , personal, social y espiritualmente.

Aprender es discriminar procesos y sus conexiones.

Las expectativas pueden ser optimistas o pesimistas, nunca verdaderas o falsas.

Las creencias son para cuando voy a la iglesia, es decir, nunca.

Amigo es aquél a quien reconozco en la distancia y con quien comparto y abrazo en la cercanía.

Vivir bien es poner en práctica cierta metodología desarrollada holísticamente en el siglo XXI; quien desee vivir así debe practicarla.

Lo que uno pone en las relaciones humanas no depende de uno, depende de la respuesta del otro. Se llama inducción.

Vivir conscientemente es hacerlo S.E.P.A. congruente y coherente con las 3D.

La lógica es la adecuación de nuestra percepción a los descubrimientos que vamos haciendo de las 3D.

Hay que exigirse. Si no te exiges no subes escaleras.

Si al oír un tiro ud se agacha, lo está haciendo para protegerse del próximo disparo. Si ud acepta y entiende esto, le irá muy bien en la vida.

Cultivar los cuatro dones que recibimos de la naturaleza (prefrontal, aparato fonador, mano prensil y gregarismo) es la clave mayor para un futuro evolutivo feliz.

El peligro de vivir en 140 caracteres es que cada palabra requiere una explicación y un contexto para tener valor informativo y transformador.

Si te dejas llevar por la primera impresión es porque no has observado nada.

Cuando alguien dice "no me arrepiento" está colocando banderas en su propia percepción, no en la vida.

Inteligencia es el proceso mediante el cual transformamos las percepciones en ideas útiles, creativas y elegantes.

Llamamos "intuición" a nuestra realidad interior (SEPA). El problema es cuando la confundimos con las 3D externas.

Pensar es generar nuevas ideas. Pensar inteligentemente es generar nuevas ideas sencillas, útiles y elegantes.

No hay atajos, hay formas de atajar.

El movimiento ocular y la visión binocular nos permiten superar el punto ciego y adquirir profundidad... ¿Qué aprendemos de esta metáfora?

Principal limitante humana: "La verdad es lo que yo creo y lo que yo digo".

La naturaleza no dice "sé cómo cuando naciste", dice "crece, relaciónate, aprende y deja huellas". El pecado original es el egocentrismo.

Lo importante no se ve. Está oculto a nuestra conciencia perceptiva.

Los vínculos no se ven; por ello es muy fácil perderse en las relaciones.

Vamos conociendo lo existente por aproximaciones sucesivas e intermitentes, gracias a nuestras versiones y modelos.

Pensar es generar nuevas ideas a partir de otra inicial.

El gran secreto del éxito es ve un poco más allá de donde has ido anteriormente en todo lo positivo. A eso lo llamamos esfuerzo.

El aquí y ahora: ¿cómo me estoy presenteando?

Desconfía de quien acusa a otros de sus fracasos frente a sus tareas. Es señal de incompetencia.

No existe la innata bondad del ser humano. Nos la ganamos a pulso.

Si logramos tener pistas de cómo conecto mis experiencias PerP.E.S.A. para recrear patrones de decisión, mi bien vivir se simplifica enormemente.

En la naturaleza también se cumple la máxima "la ignorancia de una ley no excusa su cumplimento".

El código funciona como el abecedario: potencialmente tenemos todas las palabras (enfermedades) en él. De cómo lo usemos dependerá que se expresen o no.

Nada de lo que decimos tendrá valor dentro de 100 años, aunque por ahora, tenga la solidez de una roca.

La plasticidad cerebro-corporal nos permite reeditar nuestras memorias cuantas veces queramos, sepamos cómo y ejerzamos.

Las sustancias son expresiones de la vida bajo nuestros sistemas perceptivos provisionales y parciales.

De la locura a la cordura solo hay un corto viaje de cambiar 3 letras.

Sospecho que "la sombra" de Jung no es otra cosa que ese defecto de nuestro cerebro de creer que lo que vivimos como individuos es lo más importante del multiverso.

El código genético es el abecedario a partir del cual construimos cibernética y sistémicamente el discurso biopsicosocial de nuestra vida.

Aprendemos gracias a que el cerebro construye patrones de comportamientos y de relaciones.

¿Por qué vivir sobre un millón de caracteres? Porque la historia la escribimos nosotros, no otros.

Mientras más grande sea la red de conexiones en lo que sabemos y dominamos con nuestra SEPA mayor grado de libertad de elegir nuestras decisiones tenemos.

¿Cómo puedes hacer tantas cosas juntas? No son juntas, son en secuencia según sus conexiones. Si tienes un modelo matemático detrás, verás que todo sufre el mismo patrón.

Hermes dijo: "como es arriba es abajo". En relación a nuestra mente podemos afirmar: "como es afuera es adentro".

No somos, exclusivamente, seres químicos.

Procura vivir en una red de un millón de caracteres, te irá mucho mejor.

La trampa de los videos juegos y del internet es que crees que tú diriges, cuando en realidad solo reaccionas a propuestas instantáneas de otros.

Nuestro planeta contiene un poco más de 7 mil millones de personas; nuestro cerebro algo más de 100 mil millones de neuronas. ¿Entiendes ahora por qué eres tan complejo?

Nuestro cerebro es como una cámara fotográfica, dependiendo del tamaño del zoom, veremos más o menos...

Lo que hemos llamado racional hasta ahora es la correspondencia entre nuestro código interno, los hábitos y los hechos matergiales.

Todo lo analizamos en modos plegado-desplegado. Por ejemplo, cuando digo "soy feliz" pliego mi atención Per (PESA) en torno a mis experiencias de satisfacción.

¡El cerebro no es confiable!

Nuestro cerebro se inicia como un sistema aleatorio que progresivamente, al interactuar, se transforma en determinista. En eso consiste el aprendizaje.

En la vida todo se aprende; y lo logramos grabándolo en nuestro código epi genético.

Los estados cerebrales son mecanismos de ajuste para seguir viviendo en un entorno cambiante y sorprendente.

El cerebro viene del músculo: dependiendo cómo se entrene, tendrá unos resultados u otros.

La mente necesita construir historias. Y todas las historias tienen una estructura procesal.

El gran aporte de la neurona es ¿qué hago a continuación?

El cerebro está diseñado para crear hábitos, de allí la importancia de la vigilancia continua de cuanto hacemos.

Jugamos adentro y/o afuera. Si estoy afuera ¿en cuál dimensión lo hago? Material, Social y /o espiritual: Siempre habrá alguna recursividad.

La permutación Per (PESA) permite el conjunto de nuestras experiencias.

El cerebro es un órgano interfaz (fuera-dentro) y un simulador de vuelo exterior.

Si la energía no es "compactada" se disipa, como los gases.

Cerebro-mente y el resto del cuerpo trabajan en modo tándem.

La P.E.S.A. la podemos "correr" sobre las 4D.

El cerebro es un órgano interfaz persona-medio.

Las partículas cuánticas son como los zancudos; desaparecen a nuestra vista tan pronto cuando vamos por ellos.

El ADN se muestra plegado, el cerebro también. Nuestra mente aparece plegada al consciente. El trabajo del científico de la vida es mostrar la información oculta entre tales pliegues.

La memoria no es confiable, por ello en un momento dado, inventamos la escritura.

Organizacional, empresarial y liderazgo

Un líder tiene que estar dispuesto a perder, de lo contrario no es un verdadero líder.

A la superposición le sigue la secuencia como principio importante en la organización de la vida.

La clave mayor son 4 verbos: unificar, articular, integrar y simplificar.

Nos constituimos como personas en la relación con otros seres humanos.

El gerente ultramoderno es un *coach* motivador del liderar contextualizado en un ambiente de inteligencia colectiva.

Gerenciar es coordinar acciones para que todo fluya tal y como se va planificando.

Hay dos momentos estelares en el liderazgo: cuando arrastra seguidores en pos de un sueño descubierto y cuando ha de retirarse para entregar el testigo de la vía.

Pareja, relaciones y familia

Las inevitables diferencias no son problemas en la pareja, lo son las incompatibilidades de tales distinciones.

La vida es una danza permanente con los otros y el ambiente. Si usted dice: "la culpa es del otro", significa que no está entendiendo nada de la vida.

El ego es una acción mental de reduccionismo al mando de quien realmente soy: un ente en interacción y coordinación de acciones permanentes y continuas con las 4D.

El matrimonio bien avenido entre análisis y síntesis es la garantía del desarrollo científico.

En la infancia nos aferramos a lo que recibe reconocimiento y nos brinda satisfacción. Eso lo automatizamos y más grandes lo llamamos personalidad.

Negociar no es ceder, es subir un nivel lógico-afectivo-pragmático donde somos un conjunto los que negociamos y un objetivo común lo negociado.

La violencia funciona en el plano egoísta, individual, cuando un alguien mata o somete a otro, pero no en el colectivo: siempre queda la revancha.

¿Sabías que al culpar a otro pierdes poder? Ya que pones en manos de esa persona lo que va a ocurrir. Pasas a ser su esclavo.

La relación humana es de un orden superior a la simple individualidad. Por ello, el secreto de la armonía relacional radica en la coordinación de acciones y no en lo que cada uno siente, piensa o hace.

La gran clave de la buena comunicación es que la claridad, precisión y transparencia están en la interacción y coordinación de acciones, no en las expresiones individuales de los comunicantes.

Hacer lo correcto: ¿esperaré a que otro lo haga para hacerlo yo? No, es demasiado infantil; así empezamos, pero la vida me ofrece cada vez más rango de libertad.

La idea del vector es aprovechar la dinámica del alejamiento para impulsar el acercamiento.

Al enseñar procedimientos hemos de establecer las distinciones útiles entre competencias y habilidades cognitivas (P), afectivas (S, E), motoras (A) y relacionales, así como las interacciones, articulaciones integraciones entre ellas (3D).

El mejor mensaje de una madre: "hijo, voy a enseñarte a que conquistes personas que lleguen a amarte tanto o más que yo misma".

En el habla cotidiana hay tres grandes tipos de confusiones que suelen arrastrar conflictos:

1. Dimensiones de realidad.
2. Niveles de organización.
3. Significados personalizados.

Cuando usted dice: "es que tú..." está en serios problemas, ya que pretende conducir un cerebro ajeno. A lo sumo podemos invitar...

La gran clave de la autoestima es amar al próximo; la antítesis el ego. Pues, al amar a otros, inevitablemente, te amaran a ti.

Confundir deseo de posesión o imposición con amor ha sido una de los errores fatales cometidos en la historia.

El amor, al igual que la paz, se expresan diferente en cada dimensión que habitamos. Requerimos un dominio efectivo en cada uno de ellos para vivir a plenitud.

Un prefijo clave para entendernos es "proto".

Amor y rigor: dos ingredientes claves de la formación personal.

Joven: ¿por qué hay que cuidarse? Porque estamos diseñados para perder la cordura cuando nos enamoramos.

Una forma sencilla de entrar en conflicto es confundir el mensaje con el mensajero.

Las cuatro grandes competencias a enseñar en los hijos: Amor (S) Paciencia (E) Responsabilidad (P) y Compromiso (A) 3D.

El amor que triunfa es igual que la política; cultiva y cuida de lo que es común y respeta las características y diferencias individuales.

En el fenómeno social humano, la limerencia es el principal atractor para configurar grupos y sociedades.

Uno de los aspectos más complejos de las relaciones humanas es llegar a hablar según pueda entender el interlocutor y no según entendernos nosotros.

Reconocer, aceptar y tolerar las diferencias; contribuir, compartir y celebrar las semejanzas son claves de la convivencia.

Yo soy yo en la medida en que existen tú, él, nosotros, uds. y ellos para nombrarme. Es la esencia de humanidad.

El perdón surge cuando desaparecen el resentimiento y rencor. Es un fenómeno interior, no externo.

El egoísmo y la soberbia son pésimos compañeros si pretendemos establecer relaciones de alta calidad.

La crítica con reclamo y rechazo termina en un vacío existencial; la crítica con amor y respeto es una contribución.

En la medida en que pasamos más horas en comunicación artificial, perdemos capacidad de reconocer las expresiones no verbales (propias y ajenas).

La Per(PESA) se integra en el área pre frontal dorso lateral.

Lo más importante, y que dejamos de lado en la modernidad y la postmodernidad, es que la vida la vamos construyendo con la interacción permanente con los otros y el ambiente.

Cuida tu lenguaje: los problemas humanos comienzan con: "lo que pasa es que..." "pero, es que tú..." La culpa es de..." "Si tú..." "Yo no..." y otros afines;

El ecoegocentrismo es la propuesta que dinamiza las relaciones y o entorno.

En cuanto a las recetas te diré: ¡claro que funcionan! Siempre y cuando entiendas y practiques que son solo guías que has de contextualizar permanentemente.

El marco de seguridad del varón es tener la razón despejada; el de la mujer es saberse querida, acompañada y amparada. Cuando cada uno reconoce y practica estos marcos hay una pareja feliz.

La mujer llega al amor por instinto, el hombre por educación.

Cuando entramos en una relación estable, conformamos un sistema de nivel superior al simple análisis individual; por ello, todos los verbos cambian su significado dentro del marco acuerdo-desacuerdo.

Al igual que en el futbol, nos va mucho mejor si en lugar de detenernos a pelear por las diferencias, aprovechamos los errores de jugada como "desviaciones iluminadoras" y mantenemos la bola en movimiento, apoyándonos en equipo uno a otro.

El varón se enamora ESPA y la mujer SEPA; si se quedan así = peligro.

Hace falta, con urgencia, la Declaración Universal de los Deberes Humanos.

La solidaridad es Amor en acción.

El MEDH es el ADN de la experiencia de vivir.

Trata a tu hijo como a un turista que deseas que regrese todos los años a tu paisaje interior.

La impaciencia, el escándalo y el misterio son los grandes enemigos de la buena educación de los niños.

Los grandes roles de la organización familiar ultramoderna, son: madre, ofrecer seguridad (material, social, personal y espiritual); padre: proveer, proteger y orientar; hijos: aprender y consagrar.

Niñez y adolescencia son el centro de entrenamiento para la adultez, donde los socializadores (padres, docentes, publicistas, web, etc.,) son los entrenadores respectivos.

En el varón la fidelidad está condicionada por un entrenamiento amoroso. En la mujer la infidelidad está condicionada por un entrenamiento mediático.

La mujer busca protección afectiva y atención, el hombre admiración y atención. Cualquier acuerdo en pareja ha de respetar estas necesidades para que haya felicidad.

NEUROCODEX en sí mismo

NEUROCODEX es la disciplina que estudia sintetiza y aplica pragmáticamente las conexiones, articulaciones e integración sistémica del proceder humano.

NEUROCODEX es una "religión" en el sentido amplio del término: intenta religar lo separado que originariamente se encuentra unido: la experiencia del vivir plena, saludable y felizmente como especie.

Nuestro planteamiento epistemológico y metodológico es que la gran mayoría de teorías no son mutuamente excluyentes sino complementarias, dando origen al procedimiento NEUROCODEX.

Metáfora: NEUROCODEX es la aguja que guía al hilo de congruencias que teje la red de la experiencia humana y sus aplicaciones para vivir plenamente. El hilo son las miríadas de contribuciones que a lo largo de la historia aportan conocimientos, competencias, capacidades, destrezas y habilidades para expresarnos tal y como lo hacemos.

NEUROCODEX es la propuesta unificadora e integradora de saberes universales que permite personalizar cualquier intervención que llevamos a cabo.

NEUROCODEX es un hermoso ejemplo de sincronicidad jungiana: aparece justo 100 años después de la teoría de la relatividad de Albert Einstein y se bautiza a los 150 años del nacimiento de Sigmund Freud y los 110 de Jean Piaget y Lev Vygotsky, cuatro genios que dedicaron su vida a conocer el pensamiento de Dios y de los hombres.

NEUROCODEX es la disciplina que explora, explica y supera el fenómeno de que, a pesar de los inmensos descubrimientos y desarrollos tecnológicos actuales, la mayoría de la gente sigue pensando, sintiendo y actuando como si estuviésemos viviendo en el Medioevo.

La gran noticia que trae NEUROCODEX es que la ciencia ultramoderna llegó al corazón y al alma. Si vive científicamente será más feliz, más saludable, más longevo, más armónico y por lo tanto mucho más humano.

En NEUROCODEX nuestro objeto de estudio es la especie; y es el ala pragmática la que nos permite individualizar acciones.

La naturaleza, o Dios si usted prefiere, aparentemente delegó en nosotros la intención y responsabilidad de salvar el planeta. En NEUROCODEX asumimos esa tarea y nos planteamos navegar con la existente desde el sufrimiento y la enfermedad hacia la salud y el bienestar con visión ecológica, esto es, llevando tal viaje a las dimensiones materiales, sociales, personales y espirituales.

Ahora el destino de la humanidad y del mundo está en nuestras manos. Por ello, cada mañana en NEUROCODEX nos levantamos a buscar pistas para continuar la construcción del "manual de funciones y operaciones del ser humano" Como forma de contribuir a su ascenso evolutivo.

NEUROCODEX es un programa de investigación que busca de manera sistemática, reiterativa y concéntrica la confluencia de saberes acerca del estudio, comprensión y transformación positiva del ser humano. Su misión es construir modelos (los más sencillos posibles) lógicos, matemáticos, empíricos y pragmáticos que nos conduzcan al vivir a plenitud como especie y como individuos.

En su estructura macro, NEUROCODEX es un Sistema de bien vivir o de vivir a plenitud.

Para cocinar el delicioso plato NEUROCODEX, homogeneizamos, pasteurizamos y filtramos, más de 250 aportes provenientes de las filosofías, religiones, ciencias, humanidades, artes y experiencias empíricas; y continuamos aderezando con lo que sigue apareciendo. Esa es la metodología NEUROCODEX.

Hay personas que se entretienen armando legos o rompecabezas; en NEUROCODEX lo hacemos con el manual de funciones y operaciones del der humano.

En NEUROCODEX somos fabricantes de *softwares* mentales para el bien vivir.

NEUROCODEX se conjuga en gerundio: vamos <u>integrando</u> los aportes que vamos <u>descubriendo</u>, para ir <u>mejorando</u> las formas de ayudar al mejoramiento continuo de la especie, <u>apoyando</u> a cada persona que le vamos <u>llegando</u>.

NEUROCODEX es una filosofía y metodología que hila el conocimiento humano para tejer la experiencia del bien vivir.

Con NEUROCODEX integramos en un solo formato lo más importante y efectivo del conocimiento humano.

Me preguntan las diferencias notables entre NEUROCODEX y otras propuestas de desarrollo humano, coaching y terapias (curiosamente las separan como si fuesen independientes) como PNL, EMDR, Ontología del lenguaje, Hábitos de Covey, Brainspotting, Alba Emoting, Louise Hay... así como con grandes clásicos como psicoanálisis, conductismo, psicodrama, cognitivo-conductual, psicología positiva, yoga, chamanismo, entre otros. Les contesto: "A lo largo de más de 40 años, contando con la inteligencia colectiva, conectiva, cooperativa y coordinada de centenares de grupos transdisciplinarios, agarramos todas esas versiones y unas doscientas más y las 'filtramos' con métodos lógico-matemáticos, hermenéuticos y empíricos y extrajimos los factores y mecanismos comunes, con los cuales construimos una teoría unificada e integral del ser humano (decidimos llamarla MODELO ESTÁNDAR del DISEÑO HUMANO); y de allí derivamos diversas vías de atención mediante asesorías, entrenamientos, formaciones, coaching y terapias; utilizando una caja de herramientas de transformación positiva que cada persona puede utilizar consigo misma, con la familia, organizaciones y comunidades, dondequiera que se desenvuelva, en un proceso de mejoramiento permanente y progresivo. Eso es todo. Eso es, en síntesis, NEUROCODEX. La distinción que marca la diferencia...".

NEUROCODEX es un enfoque paradigmático ultramoderno y transdisciplinario que integra en una sola propuesta lo más destacado y útil del conocimiento de la evolución humana y sus logros como especie. Nuestro abordaje es holístico e individualizado a la vez, en tanto entendemos que en cada persona se particularizan los hábitos estructurales de la naturaleza.

En NEUROCODEX ofrecemos el conocimiento y las competencias más sólidas y consistentes que operan para el desarrollo personal, la transformación esencial y la comunicación inteligente, armónica y efectiva.

NEUROCODEX es una disciplina de la transformación positiva; por ello, nos interesan más el para qué y el cómo que los por qué.

La metodología NEUROCODEX consiste en seguir el hilo conductor que teje el conocimiento acerca del ser humano y sus aplicaciones a la cotidianidad y la innovación.

NEUROCODEX es un sistema de códigos que asume traducir el código humano natural como guía para el bien vivir.

Alimentarse con NEUROCODEX es asumir que somos seres de intercambio permanente.

NEUROCODEX convierte la "torre de Babel" del conocimiento actual, en unas "Petronas" útiles para la cotidianidad e innovación humana.

Neurocodex es el metamodelo del ascenso humano.

El MODELO ESTÁNDAR del DISEÑO HUMANO es una brújula para moverse en un universo complejo y ajeno.

En NEUROCODEX entendemos la causalidad como mecanismos profundos que hacen comprensibles los comportamientos de superficie.

Evangelio según NEUROCODEX: y Dios dijo al hombre (adán = nada), por principio de permutación inversa: id a la tierra a depender a (y) disfrutar.

NEUROCODEX es una teoría del conocimiento planificado Per (SEPA).

El MODELO ESTÁNDAR del DISEÑO HUMANO es una teoría unificada de la persona.

En NEUROCODEX estudiamos el código común a todos los seres humanos. Es el cómo opera nuestra mente-cerebro para dirigir las decisiones personales.

NEUROCODEX es un modo de operar en el mundo desde lo transcomplejo.

LOS AUTORES

Luis Arocha Mariño

Médico psiquiatra, psicohipnoterapeuta, epistemólogo, EMDR I, *Trainer* en PNL, estratega comunicacional y conflictólogo, docente-investigador universitario por más de 30 años. Al lado de su esposa, Laura, cocreador principal de NEUROCODEX (metodología integradora del estudio, comprensión y transformación positiva del ser humano) y del MODELO ESTÁNDAR del DISEÑO HUMANO (teoría general y unificada de la persona y la personalidad).

Escribió *PNL para organizaciones* (ed. Júpiter, 5 ediciones), *Personalidad Gerencial* y *La comunicación tiene el poder de enfermar/sanar*. Junto a su esposa, Laura, ha escrito: *PNL para mujeres* (ed. Júpiter, 4 ediciones), *PNL para el hombre actual* (ed. Júpiter, 3 ediciones), *PNL para educadores* (ed. Júpiter, 2 ediciones), *Autocoaching* (ed. Júpiter, 3 ediciones), *PNL para psicoterapeutas* (3ra ed., con el Dr. Miguelángel Rodríguez), *Manual para que los carricitos vivan en paz* (ed. Impresos Master A.N.B.), *Cuentos para ser feliz* (ed. Impresos Master A.N.B.), *Ten la vida que quieres y te mereces con NEUROCODEX* (ed. ILACOT, 1era ed y ed. Júpiter, 2 ediciones), *NEUROCODEX en acción* (en imprenta) y ahora, *Manual de alimentación inteligente* junto a Vanesa González (ILACOT y FB Libros).

Actualmente se dedica a asistir, asesorar, entrenar, formar y divulgar aplicaciones a la salud integral de NEUROCODEX y del MODELO ESTÁNDAR del DISEÑO HUMANO en diversos países de América Latina, mediante ILACOT, donde funge de Coordinador de (I&D)2 (Investigación, Innovación, Docencia y Desarrollo).

Laura a. Montilla

Coach familiar y nutricional. Educadora preescolar, escritora, locutora de radio y TV, narradora oral. coterapeuta en TICs (Técnicas de Integración Cerebral), EMDR I, Trainer en PNL. Cocreadora principal, al lado de su esposo Luis Arocha Mariño, de NEUROCODEX (metodología integradora del estudio, comprensión y transformación positiva del ser humano) y del MODELO ESTÁNDAR del DISEÑO HUMANO (teoría general y unificada de la persona y la personalidad).

Junto a aquel ha escrito: *PNL para mujeres* (ed. Júpiter, 4 ediciones), *PNL para el hombre actual* (ed. Júpiter, 3 ediciones), *PNL para educadores* (ed. Júpiter, 2 ediciones), *Autocoaching* (ed. Júpiter, 3 ediciones), *PNL para psicoterapeutas* (3ra ed. PDF, con el Dr. Miguelángel Rodríguez), *Manual para que los carricitos vivan en paz* (ed. Impresos Master A.N.B.), *Cuentos para ser feliz* (ed. Impresos Master A.N.B.), *Ten la vida que quieres y te mereces con NEUROCODEX* (ed. ILACOT, 1era ed y ed. Júpiter, 2 ediciones), *NEUROCODEX en acción* (en imprenta), *Manual de alimentación inteligente* junto a Vanesa González (ILACOT y FB Libros) y *Experimentos polifónicos* (FB Libros).

Entre otras distinciones, recibió el *accésit* por parte de Avón como MUJER DE LA TIERRA en 2000.

Actualmente dirige el Instituto Latinoamericano de *Coaching* y Terapia (ILACOT) en Venezuela y Ecuador.

Índice

Categorías..7

PARTE I: Recogidos entre 2006 y 2012
Filosofía, metodología y ciencias en general.......................11
Política y Sociales...19
Salud, *coaching*, terapia y medicina....................................23
Desarrollo y crecimiento personal, psicología, comunicación y educación..29
Organizacional, empresarial y liderazgo..............................47
Pareja, relaciones y familia..49
NEUROCODEX en sí mismo..53

PARTE II: Recogidos entre 2013 y 2016
Filosofía, metodología y ciencias en general.......................59
Política y Sociales...69
Salud, *coaching*, terapia y medicina....................................73
Desarrollo y crecimiento personal, psicología, comunicación y educación..77
Organizacional, empresarial y liderazgo..............................97
Pareja, relaciones y familia..99
NEUROCODEX en sí mismo..103
Los autores..107

Esta edición de *Conjeturas y Meditaciones basado en Neurocodex* de Luis Arocha Mariño, Laura Montilla y el equipo de ILACOT Instituto Latinoamericano de *Coaching* & Terapia al Servicio de la Evolución Humana, fue realizado por FB Libros C.A., en la ciudad de Caracas en el mes de marzo del año dos mil diecisiete.

www.ingramcontent.com/pod-product-compliance
Lightning Source LLC
Chambersburg PA
CBHW030846180526
45163CB00004B/1472